11歳からの

正しく怖がるインターネット

大人もネットで
失敗しなくなる本

小木曽健
Ken Ogiso

晶文社

装丁　高木達樹
イラスト　大室絵理

はじめに――この本を手に取ってくださったアナタへ

いま、この本を手に取り、このページを読んでくださっているアナタ、見えます、見えますよ。ネットを毎日使っているのに、時々不安になる、よくわからないことがある。ホントはもっと使いこなしたいのに、イマイチ踏み込めない。おや、そこのアナタは、お子さんのスマホのことでお悩みですね……。

そんなタイミングで、この本が目に入り、手に取ってしまったみなさま、安心してください、もう大丈夫です。

私はグリーという会社で、年間三〇〇回以上、ネットの安全利用について講演しています。本当は三五〇回ほど行っているのですが、もう数えるのが億劫になってしまい、聞かれた時はいつでも「三〇〇回以上」と答えるようになりました。

グリー社内には、「安心・安全チーム」という部署があり、ネットを使うすべての方々に向けて、ネットを安全に使うための情報、ネットを「普通の道具」として使うための知識をお伝えしています。

大都会のど真ん中から、国境近くの離島まで、それこそ日本のすべての都道府県を訪問しました。お邪魔していないエリアは数えるほどしかありません。学校や会社、地域のホールなどで、これまで四〇万人近くの方々に「ネットの正体」と「ネットで絶対に失敗しない方法」をお伝えしてきたのです。

講演の対象は、小学五年生からシニア世代の方まで、実に幅広い年齢層なのですが、お伝えしている内容は、どの年代でも変わりません。講演で使う資料も一緒。なにしろみなさん、ネットという同じ道具を使っているワケですし、その道具で失敗した時に、自分の身に降りかかってくるリスクも同じ、大人だろうが子どもだろうが容赦なし。だから、知らなければいけない知識も、当然一緒なのです。

私はもともと、自社のネットパトロール責任者としてグリーに入社したのですが、日々パトロール業務を行っていくうちに、「ネットで絶対に失敗しない方法」に気が付いたんです。気が付いてしまった以上、これをできるだけ多くの人たちに伝えたい、それこそ、近所を歩いているモヒカン頭のアウトローに質問しても、

「ネットで失敗しない方法？　知ってるよ、アレだろ」

と即答してくれる、そんな光景を目指したい、そう思うようになったんです。

だって、日本の全員が「ネットで絶対に失敗しない方法」を知ったら、世界で日本だけ、なぜかネットトラブルが妙に少ない国になっちゃうんですよ。そしたら、海外の人が「なんで日本だけ少ないんだ」って気になるじゃないですか。わざわざ調べに来て、みんなが国に持ち帰って真似してくれたら……もう地球まるごと、ネットトラブルの少ない星になっちゃいますね。痛快です。

私、本気でそれを目指しています。講演はまだ四〇万人、講演を教材にしたキットはまだ八〇万セットしか配っていません。だから、なるべく多くの方にこの本を読んでいただきたいのです。この本が何かの間違いで一億冊ぐらい売れれば、誰もネットで失敗しない、クールでイケてるネット社会ニッポンが、明日にでもやって来るはずです。

11歳からの正しく怖がるインターネット――大人もネットで失敗しなくなる本

目次

第4章　ネットと未来　193

第1章

ネットで絶対に失敗しない方法

これ、できますか？

この、女の子が交差点で個人情報を掲げている写真。「どこかで見たことあるなあ……」と思われた方、たぶん、ネットでご覧になったのではないでしょうか。

実はこれ、私の講演資料の一部なんです。二〇一六年、グリーの講演活動を紹介してくれたニュースサイトに、この写真が掲載されました。ネット上で物凄くたくさんの方に見ていただいた写真なんですが、私はいつでも必ず、この写真から講演を始めます。こんな感じで……。

*

ここは東京、渋谷のスクランブル交差点。一日に数十万人が行き交う場所です。この場所で、みなさんにお願いがあります。この女の子と同じように、ボードに「個人情報」や「プライベートな気持ち」なんかを書いて、交差点のど真ん中で、三〇分ほど立っていていただきたいのです。三〇分くらいでイイですよ、どうですか？

……私は嫌です。皆さんも嫌でしょう。ですがこれ、世界中で毎日毎日、大人も子どももやりまくっている行為なんです。ネットにモノを書く、何かを載せるということは、この女の子が、スクランブル交差点でやっているコレ「そのまま」です。

いや、まだこのスクランブル交差点の方がマシでしょう。だってたかが数十万人程度、掲げたボードも下ろせます。

ですが、ネットは違いますよ。

一度掲げたら二度と下ろせないものを、全世界の人間に永遠に見せ続ける。これがネットにモノを載せるという行為です。

そんなことを意識しながらネットを使っている人なんて、大人だっていません。この写真は、大人も子どもも、世界中でみんながやっている行為なんです。

なぜか、インターネットの世界に入ると、こんな大胆なことが平気でできてしまう。なぜできてしまうのか？　コレが重要なカギになります。

アイスケース炎上事件

みなさん、このイラストの光景に見覚えありませんか？　数年前、まだ世の中に「炎上」という言葉が浸透する前に起きた「ネット炎上事件」。

ワイドショーや雑誌などで「ネット炎上」という言葉が普通に使われるようになったきっかけと言われています。

高知県内のコンビニエンスストアで、アルバイトの従業員が、お店の中のアイスケースにもぐり込み、その様子を撮影し、ネットに載せたんです。お客さんが食べるアイスの上に、寝転がったんですね。ちなみに「ネット炎上」とは、ネット上に問題発言、違法行為、他人から非難されるような内容を投稿した結果、大勢の人間がワーッと集まってきて、フクロ叩き、ボコボコにされるという意味です。

この写真は、初めにフェイスブックに投稿されました。その投稿がスクリーンショット(画面のコピー)で複製され、ツイッターに流出します。そしてほぼ一か月後、「2ちゃんねる」にたどり着いたのです。実は日本の炎上は、この「2ちゃんねる」と呼ばれる巨大なネット掲示板に到達すると、非常に高い確率でスタートしてしまいます。

夏真っ盛りの七月、2ちゃんねるの人たちが、この画像を見つけて怒り出しました。

「汚ねえなあ、この店のアイス、絶対に買わねえ」
「このコンビニチェーン、利用するのやめよう」
「どこの店か知らんが、もう買わん」

みんな怒っています。当たり前ですね。

「こいつの個人情報、まだ特定されてないの?」

ま、そのうち特定されるんでしょ、そんな感じです。

「この店の経営者さん、かわいそうになあ」

そりゃそうですよね。アルバイトにこんなことされてしまったら、このコンビニの経営者もたまったモンじゃありません。

でも……違ったんですよ。

「こいつ、この店の経営者の息子だってよ！」

彼、お父ちゃんの店でアルバイトしていたんです。お父ちゃんの店で、アレを撮ったんです……。保健所に通報しろ、なんていう書き込みもありました。そして、二日後、ついに新聞に載ってしまいます。

「コンビニ店員、冷蔵庫内で横になる」

残念な見出しです。「写真を見た一般の人からの指摘で発覚」というのは、先ほどの2ちゃんねるの人たちでした。大挙して、コンビニのお客様センターに電話をかけたんですね。

「アンタら何考えてるの!?」

「あの店、どうするつもりなの？」

2ちゃんねろ

http://2chan-nero.com

2:木目マニア(埼玉県):2013年7月14日(日)　18:43 ID fsulihkinlzi
汚ねえなあ、この店のアイス、絶対に買わねえ

3:空撮マニア(東京都):2013年7月14日(日)　18:45 ID anmvzixhld
このコンビニチェーン、利用するのやめよう

4:バイマニア(岐阜県):2013年7月14日(日)　18:47 ID cklhgzkdnnd
どこの店か知らんが、もう買わん

5:牛乳マニア(神奈川県):2013年7月14日(日)　18:48 ID mnikbvmdrg
>>1
こいつの個人情報、まだ特定されてないの？

6:八番マニア(福井県):2013年7月14日(日)　18:50 ID dfsdsaklfma
この店の経営者、かわいそうになあ

7:花まるマニア(北海道):2013年7月14日(日)　18:51 ID hiknihkglfd
こいつ、この店の経営者の息子だってよ！

8:とん田マニア(北海道):2013年7月14日(日)　18:52 ID sdaasvcxgh
保健所に通報しろ！

平成２５年　（２０１３年）　７月１６日　火曜日

というが、女性がどのような充電器を使用していたかは不明。

コンビニ店員、冷蔵庫で横になる

四国県のコンビニエンスストア「ラブソン四国店」のアルバイト店員が、売り場のアイスクリーム用冷蔵庫の中に入って横になり、その様子を友人に撮影させたうえに、その様子をインターネット交流サイトのフェイスブックで公開していたことが１５日分かった。

写真を見た一般の人からの指摘で発覚。ラブソンは同店とのフランチャイズ契約を解約し、同日から休業とした。今後の再開時期は不明。

ラブソンは「食べ物を扱うものとして、あってはいけないこと、反省している」とのコメントを発表した。

ラブソン広報によると、冷蔵庫は高さ約1㍍、幅約2㍍、奥行きは約1㍍。男性は勤務時間外だった6月17日に冷蔵庫の中に入り、写真は翌１８日に公開。発覚後に店内の清掃と冷蔵庫、中身の商品を交換したとのこと。

国際木目会議　基本方針めぐり紛糾

国内外の木目愛好家らによる「国際木目会議」は15日、基本宣言を採択して閉幕した。基本方針の中身について、「素材による差別を一切認めない」との一文を巡り、一部愛好家らからの異論で会議が紛糾し

大量のクレームがお客様センターに殺到。そしてこのコンビニチェーンの本部は、のちに「伝説的」と言われるほどの早さで、この炎上に対処します。

新聞記事が掲載される「前の日」に、このお店をきれいサッパリ、ツブしたのです……。

コンビニ本部の社員が大挙して高知県に駆けつけ、店に到着するや否や、駐車場にカラーコーンを並べ始め、お客さんが入って来られないようにしました。お店を封鎖、営業停止です。店内の商品は、横付けされたトラックにどんどん運び込まれます。そして空っぽになったお店は、見栄えが良くないからと、店内からブルーシートが貼られ、隠されました。

これらすべて、この騒ぎが新聞に掲載される「前の日」の、ほんの数時間の出来事です。数時間で店が一件、消えて無くなったのです。

このコンビニは、彼のお父さんが一〇年近くがんばって営業してきたお店でした。その苦労が、たった数枚の写真で、ぜんぶ消えて無くなってしまったのです。この後、コンビニ本部から巨額の賠償請求があったかもしれません。なにしろ、これからアイスが売れはじめるぞ、という七月に起きた炎上でしたから……。

マネする人たち

これだけの大騒ぎになったにもかかわらず、その後、真似してネットに投稿する人たちが大勢現れます。真似してアイスケースに入る。お店の食材で遊ぶ。真似して世間が怒るような内容を投稿する……。

たとえば、群馬県の調理師学校に通う学生は、真似してアイスケースに入った姿をネットに投稿。すぐに炎上して、あっという間に退学になりました。なにしろ調理師学校、食べ物を扱う学校の学生さんでしたからね。

また大手ハンバーガーチェーンでも、アルバイトがハンバーグを挟むパンの上に寝っころがった姿を投稿し大炎上。東京では、蕎麦屋の店員が、お店の大型食器洗い機の中に入り込んだ姿を投稿。もちろん炎上し、しかもそのお店、炎上から五か月後に潰れてしまったのです。

これらの炎上では全員もれなく、非常に短時間で個人情報が特定されていました。

「短時間」と言っても、一日や二日じゃありませんよ。炎上が始まってから身元がバレるまでの時間は、たいてい三〜四時間。ヘタしたら数十分という非常に短い時間で「こいつは○○だ」という正確な個人情報が、ネット上に書き込まれてしまいます。なぜそんなに短時間で身元がバレてしまうのでしょうか？

それにはちゃんと理由があります。

個人特定のカラクリ

まず一つ目の理由。それは炎上の現場に集まってくる人間の数です。炎上の最中には、初期段階でも一○○万人を軽く超える人たちが集まってきます。「そんなに大勢の人間が……」と驚かれるかもしれませんが、この数字は「たくさんの人」という意味ではありません。一○○万人とは、

「あれ？　俺……こいつ知ってるぞ！」

と言える人間が、ほぼ間違いなく一人は含まれているだろうという数字、それが一○○万人という数字の意味なんです。その理由には、こんなカラクリがあります。

みなさん、「六次の隔たり」という理論をご存じですか？　英語ではシックス・ディグリーズ・オブ・セパレーション。地球上の人間は、だれでも五人介せばつながってしまう……。アメリカの心理学者、スタンレー・ミルグラムの実験で有名になった理論です。

ザックリ言うと地球上の人間は、誰もがみな近い関係にあるのに、誰も気がついていない。地球はそういう星なのだ、という理論です。

たとえば、私と「アメリカ大統領」。モチロン友だちではありません。当たり前ですね。会ったこともなければ、おそらく一生すれ違うこともないでしょう。こういうのを「無関係」と言います。この、地球上で最も無関係すぎる二人でさえ、実は間に人間を五人介せばつながってしまう、これが「六次の隔たり」です。

し・か・も、実際に私、人間を五人介さなくても、アメリカ大統領とつながってしまいました。

こんな感じです。

小木曽健
←
①A氏（とあるベンチャー企業創業者）
←
②B氏（著名な企業家）

③安倍晋三首相 ←
アメリカ大統領 ←

ほら……五人もいらないでしょ！

①の「A氏」は、私が直接知っている、あるベンチャー企業の創業者です。そのA氏は②のB氏、この人は誰もが知る有名な企業家ですが、そのB氏と仲が良いのです。そしてB氏はある経済団体を立ち上げており、その関係で安倍晋三さんとよく会ってるんですよ。その安倍さんが、アメリカ大統領と仲が良くない……ワケがないですね。そうじゃないと困ります、同盟国ですから。ほらね、アッサリつながりました。

「そんなの偶然だろ」って言われる方のために、私、別のルートも探してみたんですが、やっぱりアッサリつながってしまいました。二〇一六年の伊勢志摩サミット。アメリカ大統領であるオバマ氏は、サミットの帰り道に広島県に立ち寄り、広島県知事である湯崎英彦氏とガッチリ握手していましたよね。

実は湯崎氏、私の昔の勤め先の「ボス」です。初出馬の時には、選挙ボランティアで押し掛け、一緒に選挙カーに乗って県内を走り回りましたよ。ほら、どうやったって、つながっちゃうんです。ほかにもいくつかルートが見つかりましたが、キリが無いので調べるのをやめたくらいです。

皆さんも、アメリカンな大統領だろうがエグザイルだろうが小西真奈美だろうが、すでに今、つながっているんですよ。地球上の人間はみな、近い関係にあるのです。

……と考えれば、狭い日本でネット炎上を引き起こし、その場に一〇〇万人以上も集めちゃった時に、自分を知っている人間がその中に一人もいないことのほうが、かえって不自然なんです。ネットにアホなものを貼り付けて、そこにワーッと集まってきた人々の中に、「オレはこいつを知ってる……」という人間がいる。だから身元が、短時間で、正確にバレるんです。ネットにアホなものを貼れば、必ず身元が特定されます。そういうカラクリが、ちゃんと用意されているんです。

では、もし「こいつを知っている」という人が、

「オレ、こいつを知ってるよ。でも友だちだから、ネットになんて書かないよ」

という心優しいマトモな人だったとしたら……やっぱりバレます。二つ目の理由、身元がバレるそのワケは、「六次の隔たり」だけではないのです。

つながっていなくても

たとえば、もしこんなネット上の日記があったら。まあ、実際にあるんですが。

――東大大学院女子日記

今年の春、○○○研究科の○○○○○学に入学したので、東京の○○区に引っ越しました。新しい部屋から学校までは、自転車で二〇分くらいなんだけど、途中に坂道があって大変……w。でも新しい住まいは気に入っています。特に気に入っているのはこの二点。

・地下鉄が使いやすくなった！　歩いて一〇分のところに駅が二つある。
・二階の南向き角部屋！　日当たりがすごくいい！

これとほぼ同じ文面の日記が実在します（個人が特定できないように少し修正しました）。これは彼

女の日記初日の投稿なのですが、初日からいきなり、しかも日記の一行目で個人特定情報をバラ撒いています。

そもそも今年の春に、東大大学院の〇〇〇〇学なんていう、珍しい理系の研究室に入学した、しかも女子って一人か二人しかいないんです。〇〇〇〇学のWebページを片っ端からチェックしていけば、

「あれ、今年の春に入学した女子って、この子しかいないよね。フルネームも顔写真も掲載されてるけど、日記の女の子って……この子なんだ」

ほら！　わかっちゃうんですよ。これが個人情報を書き込んでいないのに、あっさり身元が特定される、一番ありがちなパターンです。

新しい部屋から学校までは、自転車で二〇分くらいなんだけど途中に坂道があって大変。

この文章で学校から家までの距離がわかります。大学院生の女子ですから、仮に二三歳とすると、その年代の女子が自転車で二〇分走れば、移動距離はだいたい四・五キロメートル。つまり学校から道なりに四・五キロメートル離れた場所に住んでいることがわかるんです。

・地下鉄が使いやすくなった！　歩いて一〇分のところに地下鉄の駅が二つある！

〇〇区内で地下鉄の駅が二つ並んでいる場所なんて、一箇所しかありません。その二つの駅、どちらにも一〇分でたどり着ける、ほどよい場所ならすぐに絞り込めますよね。これで区内のだいたいの場所がわかりました。あとは簡単、学校から道なりに、そのエリアに向けて四・五キロメートルたどれば良いのです。しかも、

・坂道を通るルート限定
・二階の南向き角部屋限定
・学生の一人暮らしだから、アパートかマンション限定

学校から四・五キロメートル移動した先にある、この条件にぴったり合う部屋が、彼女の自宅です。この学生さん、自分の日記に個人情報と定義されるものはほぼ書いていません。でも、私はこの学生さんの家を訪ねることができるでしょう。なにしろ、これの元ネタになっている日記で、実際に私、その学生さんの部屋を特定していますから。だからその学生さんを訪ねて、

「○△さーん！　ドンドンドン！　ピンポンピンポン！」

ってできるんですよ。ドアノブもガチャガチャできちゃうんです。絶対にやりませんけど。

「ネットに個人情報を書かなければ大丈夫」なんて大間違いです。そんなことが保証された時代は今まで一度もありませんでした。個人情報か否かではなく、自分が投稿した情報を、誰が見て何を考えるのか、それを想像するのです。その上でネットに載せるかどうかを決めるのです。これは自分で判断しなければならないことです。

こんな情報も危ない

ネットに書かないほうが良いものは、ほかにもたくさんあります。

たとえば自分の行動パターン。時々、ツイッターにこんな投稿をしている高校生がいます。

私は毎日、塾の帰りに○○のコンビニでアイス買って帰るのが日課！
今日も買った、オイシ～！
22：16　投稿

これを見て、「ほう……夜になるとまわりが真っ暗になるあのコンビニ、毎日二二時過ぎに、高校生がひとりでアイスを買いに来るのか」とほくそ笑む人がいるワケですよ。コレ読んでほくそ笑むなんて、たいてい変態か犯罪者か、変態の犯罪者でしょう。

また「自分が今いる場所」も、リアルタイムでは書かないほうが良い場合があります。たとえば、

バス来ないよ（涙）。○○バス停のまわり超真っ暗、誰もいなくて怖いのー
21：35　投稿

なんていう書き込みも、投稿するよりはしないほうがいいです。だって、これを見て、「ほほう……今あのバス停に行けば、一人きりでバスを待っている女の人がいるのか。ウヒヒ、ちょっと行ってみよう」なんて言いながら立ち上がる人がいるワケです。確実にヘンタイの犯罪者で

す。

ほかにも、たとえば「ゲリラ豪雨だぁ！　洗濯物が……」とか「家にいたら停電！　ＰＣの電源が落ちた」などの書き込みもリスクを生みます。その時間帯にゲリラ豪雨や停電が発生していた地域を、過去にさかのぼって絞り込む方法があるからです。自宅のおおよその位置がわかってしまうでしょう。

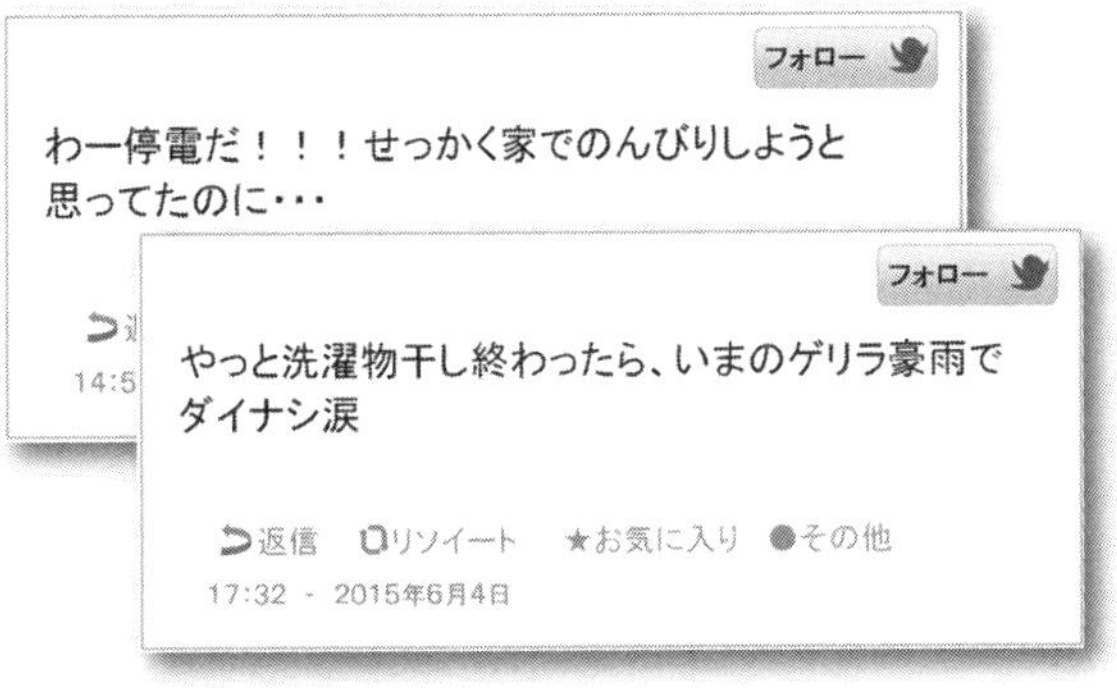

もちろん、こんな細かいことを気にし始めたらキリがありません。本気で気にするなら、ネットどころか家の表札は隠さなきゃいけなくなるし、出掛けるときはドラえもんのお面を被らなきゃダメです。顔だって個人情報ですからね。無論そこまでやる必要もないし、そもそもそんな生活は不可能でしょう。だから、「そういう事もあるんだ」と知るくらいで十分、知るだけで自然と注意できます。

でも、知らなかったら始まらないんです、気をつけることすらできないんです。あのブログの女子大生は知らないまま大人になってしまいました。だからあんなブログを書いてしまったんです。

大人だって危ない

「いやあ、そんな投稿しちゃって、若い人たちは無用心だなぁ」なんて思ったそこのアナタ。実はアナタも同じかもしれません。

たとえば、こんな写真……。

かわいいペット、自慢の弁当・料理、アクセサリー、自分の部屋。これらの写真に共通するリスクって何だと思います？

実はコレ全部「画像の位置情報で自宅がバレてるんじゃない？」という写真なのです。ペットはたいてい自宅にいます。弁当・料理は、できたての一番美しいタイミング、つまりキッチンで撮影しているはず。アクセサリーなら、落ち着いて撮影できる自宅で撮っている可能性が高いですよね。自分の部屋はもちろん自宅です。

今はデジカメだってスマホだって、画像に位置情報（緯度・経度のデータ）を埋め込みます。弁当などの画像に、位置情報を付けたままブログに投稿したり、それほど親しくない人にメール添付で送ったりすれば、当然「たぶん家はココだよね」とわかってしまうのです。

試しに「弁当」というキーワードで画像検索してみてください。自慢のお弁当作品に混じって

Google

Google
部屋から虹が
ウェブ
動画
画像
ニュース
地図
もっと見る
検索ツール
セーフサーチ

「どう見てもコレ台所だね、しかも位置情報付き」なんていう画像を見つけることができます。

ついでに「部屋から虹が」というキーワードでも画像検索してみましょう。ホテルの部屋から撮影されたっぽい、きれいな「虹の写真」に混じって「どう考えても自宅だね。しかも位置情報付き」という画像が、けっこう見つかります。

「そんな細かいこと、いちいち気にしないよ」というオトコマエな方はともかく「怖いなあ」と思われる方、ご心配なく。写真に位置情報が埋め込まれるのは、「シャッターを押した時に位置情報を埋め込む」という設定にしているからです。この設定を「埋め込まない」にすれば、とりあえず位置情報のうっかりミスはなくなります。

iPhoneなら、「設定」→「プライバシー」→「位置情報サービス」→「カメラ」→「許可しない」を選択。

アンドロイドなら、アプリそれぞれに設定メニューがありますから、アプリを立ち上げて、設定メニューを開いて、埋め込まない設定を選べばＯＫ。デジカメなら説明書に手順が書いて

あります。

アンドロイドで一つだけ注意が必要なのは、位置情報の呼び名です。機種、メーカーによってバラバラなんですよ。「ジオタグ」「ジオタギング」「GPS」……コレ全部、位置情報のことです。

ちなみに、iPhoneでもアンドロイドでも、カメラアプリをたくさんインストールしているのであれば、アプリそれぞれに設定が必要ですのでご注意を。

では、写真に位置情報が埋め込まれていなければもう安心？　残念ながらそんなことはありません。たとえば、位置情報が埋め込まれていない、この一枚の風景写真を「2ちゃんねる」に投稿してみましょう。

「オマエらこの写真の撮影場所、どこだと思う？　当ててプリーズ」なんて書き込めば、ものの数時間、ヘタしたら数十分で「特定した！」となりますよ。

位置情報ナシであっさり撮影場所がバレるのは、いったいナゼなんでしょうか？

1人が気づけば

「撮影時期・時刻と太陽光の角度」
↓エリアを特定
「電柱の仕様」
「マンホールのデザイン」
「車のボディーに映り込んだ景色」
↓地域を特定
「カーブミラーの映り込み」
↓番地を特定

……これらはすべて、実際に、2ちゃんねるで撮影場所が特定された際の「手がかり」です。これだけの情報があれば特定は可能なんです。しかも、たった一人でもこの場所を知っている人間がいれば、こんな分析すら不要です。「あ、俺ココ知ってるよ」で完了。

ちなみに二〇一六年に放送された天皇陛下の「お気持ち表明」では、陛下の右後ろの焼き物、左後ろの飾り石、使用されたマイクの型番までが放送中に特定されており、収録に使われたカ

メラの機種も、放送後まもなく特定されました。ネットの世界は、偶然でも誰か「ひとり」が知っていれば、瞬時に全員に伝わるんです。

さすがに、日々こんなに細かい点まで気にする必要はありません。それこそ「炎上」でも引き起こさなければ大丈夫。でも、たとえばタチの悪いストーカーに狙われた場合などには、こんな知識が身を守る武器となります。まあ、知っていて損はないでしょう。

「友だち限定」は効果ナシ

日本中の学校を講演してまわると、たまに、ネットに詳しい、スマホだってアプリだって、設定を切り替えながら使いこなせる、そんな生徒さんにお会いすることがあります。そういう子は決まってこう言いますね。

「いやいや、大丈夫。だってヤバいものを投稿する時には、SNSの設定で『友だち限定』の制限をかけて、拡散しないようにしてから投稿するからね」

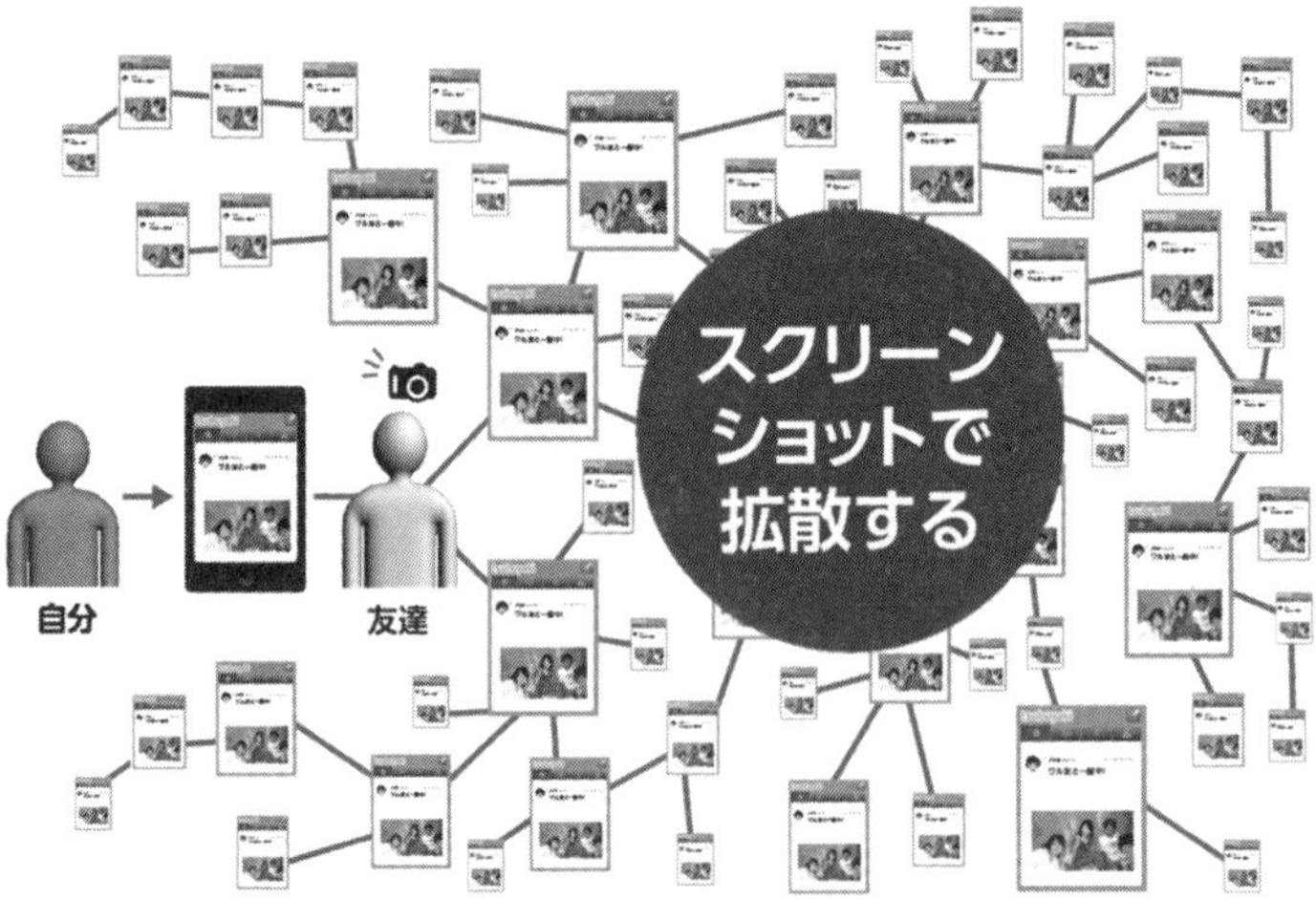

……残念ですが、そんな都合のいいインターネットは、地球上に存在しません。そもそも友だち限定の制限をかけてまで、わざわざ人に見せたモノって何ですか？　人に見せたくなるようなモノですよ。

そんなものを受け取ってしまった友だちはどう思うでしょうか。やっぱり人に見せたくなるんです。でも、SNSの設定で制限がかけられているので、制限を超えた相手には見せることができません。その時人間は、ごくごく自然とこんな行動にでます。

〝カシャッ〟

画面の写真、**スクリーンショット**を撮るんです。そして、「あなたにだけ見せてあげる、画像で」という感じで、どんどん拡散していくんです、あっという間に。しかもこの時、「拡散させよう」なんて思っている人は誰もいません。

地球にスクリーンショットがある限り、友だち限定のSNSなんてありえないのです。しかもコレ、SNSに限った話ではありませんよ。チャットやメールだって一緒。その内容が、外に飛び出していくパワーを持ったモノであれば、どんなツールだろうが必ず漏れ出します。

メールだったら大丈夫？

「チャットはまあわかるよ、芸能人のチャットが流出したこともあったしね。でも、メールは……大丈夫なんじゃないの？」

講演後にこんなご質問をいただくことがあります。今の若い人たちはあまりメールを使いませんから、この質問はたいてい大人の方ですね。でも残念ながら、メールでもリスクは変わらないのです。

そのメールの送り先が、どんなに信用できる相手だったとしても、万が一、その相手のスマホやPCが、

↓　ウイルスに感染したら、データが流出するかもしれない

↓端末ごと盗まれたら、データが流出するかもしれない
↓データが残ったまま中古屋に売られたら、データが流出するかもしれない
↓操作ミスで他人に転送されたら、データが流出するかもしれない

……いろいろ考え始めたら、もうお腹痛くなってきちゃいますよ。メールだろうがリスクは変わらないのです。インターネットで誰かに「**情報を送る**」というのは、その情報のコントロールをあきらめる、放棄するという意味なんです。

でもコレ、別にネットに限った話ではないんですよ。たとえば、もし私の「変態写真」を、信用のおける友だちに「郵送」で送ったとしたら？　誤配送で他人が受け取っちゃうかも、家族が開封しちゃうかも、友だち本人が街中で落としちゃうかも、紛失しちゃうかも……存在するリスク、心配になる気持ちはネットだろうが現実世界だろうが、似たようなものじゃないですかね。

すぐ消すから大丈夫？

こんなことを言う子もいます。

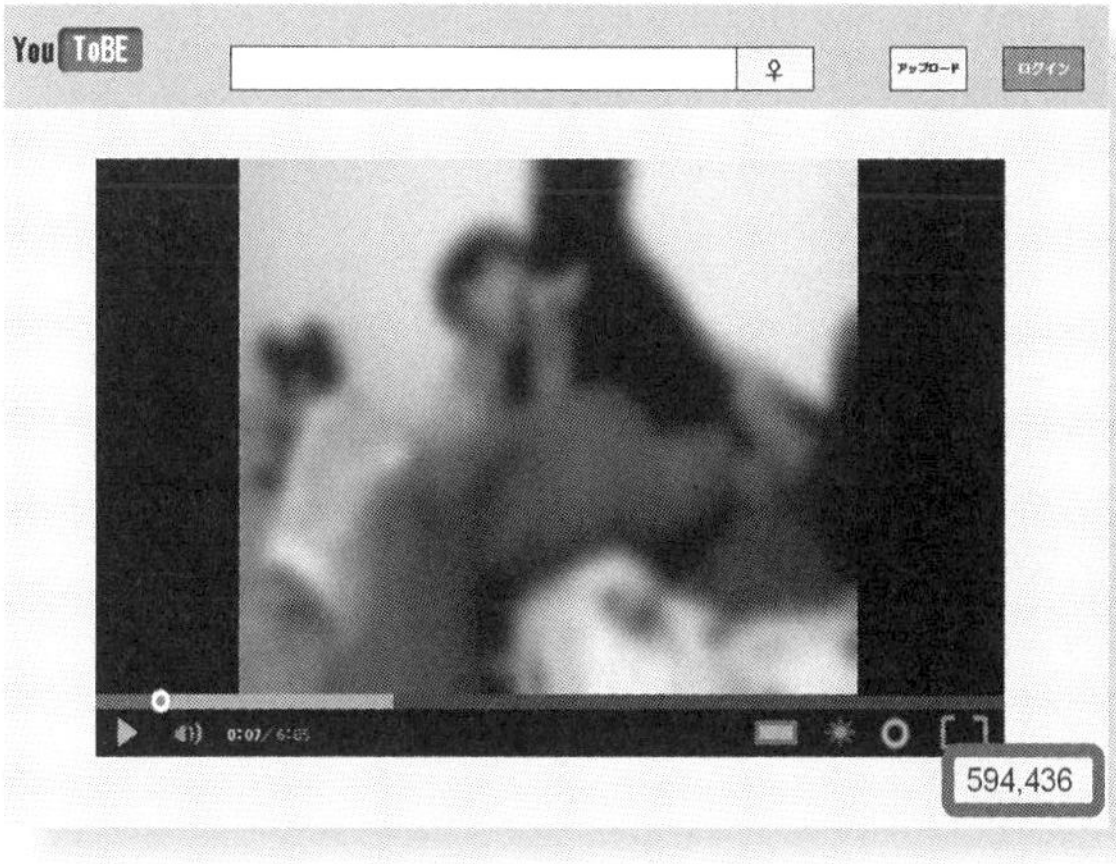

「いやいや、自分はね、ヤバいもの載せた後にはちゃんと監視して、炎上しそうになったらすぐ消しているから大丈夫」

残念ですが、そんな都合のいいインターネットも、やっぱり地球上には存在しません。これは、ある中学一年生の男子生徒のセリフなんですが、

「ボクのユーチューブのアカウントは誰も知らない。今まで色々な動画をユーチューブに投稿してきたけど、騒ぎになったことは一度もないから大丈夫」

そう言いながらネットに投稿した動画がこちら。いじめの動画、いじめている側から撮っている動画。一人の子を、三人がかりで拳でぶん殴っている最悪な動画です……が、右下のカウンターに注目してください。動画の再生回数が五九万回を超えています。

この動画は夜の八時過ぎに、ユーチューブに投稿されました。そしておよそ一〇分後にはもう「炎上」が始まっていま

す。「一〇分ってナニそれ！　早過ぎ！」と思われるかもしれませんが、実はコレ、早くも遅くもないのです。

ネットの炎上では、投稿から〇分後に始まったのか、という情報はそれほど重要ではありません。炎上は「炎上をスタートさせるために必要な人間」が揃った瞬間に、それが投稿の一分後だろうが、あるいは数年後だろうが、いつでも始まってしまうのです。

ちなみに炎上をスタートさせるために必要な人間って、何人だと思われます？　一〇〇人？　五〇人？　一五人？　そんなに必要ありません。

たった二人で始まって

実は炎上なんて、たった二人で簡単に始められるんです。

しかもそのうちの一人は、炎上の原因を作り出した、騒ぎの元になる投稿をした本人ですよ、これが一人目。そして二人目は、偶然でも何でもいい、とにかくその投稿に気がついて、

「あれ、この投稿まだ炎上してないんだ。俺がきっかけになって炎上が起こせるな……」

って気づいちゃった人。その人がその投稿を「2ちゃんねる」や「ツイッター」など、騒ぎがおきやすい場所に投稿するだけ。あとは一〇〇万人が勝手にやってくれます。二人だけで、すべての炎上は始められるんです。三人目なんか要らないんです。だから、炎上が起きている時の人間の数え方はこうなります。

・一人→二人→一〇〇万

今回のいじめ動画もそうでした。投稿直後に偶然再生した一人が、「何だコレ、ひでえな……よし、こいつら全員グチャグチャに懲らしめてやろう」と、この動画を2ちゃんねるに投稿したのです。あとは勝手に一〇〇万人が犯人探しをしてくれました。

一〇〇万人はまず、映りこんでいたジャージの背中のローマ字に注目します。学校名でした。ローマ字とデザインから学校が特定されます。

「これ、学年合宿だよな。この学校でこの時期の合宿なら、〇年生だぞ」

今度は学年が特定されます。すると、

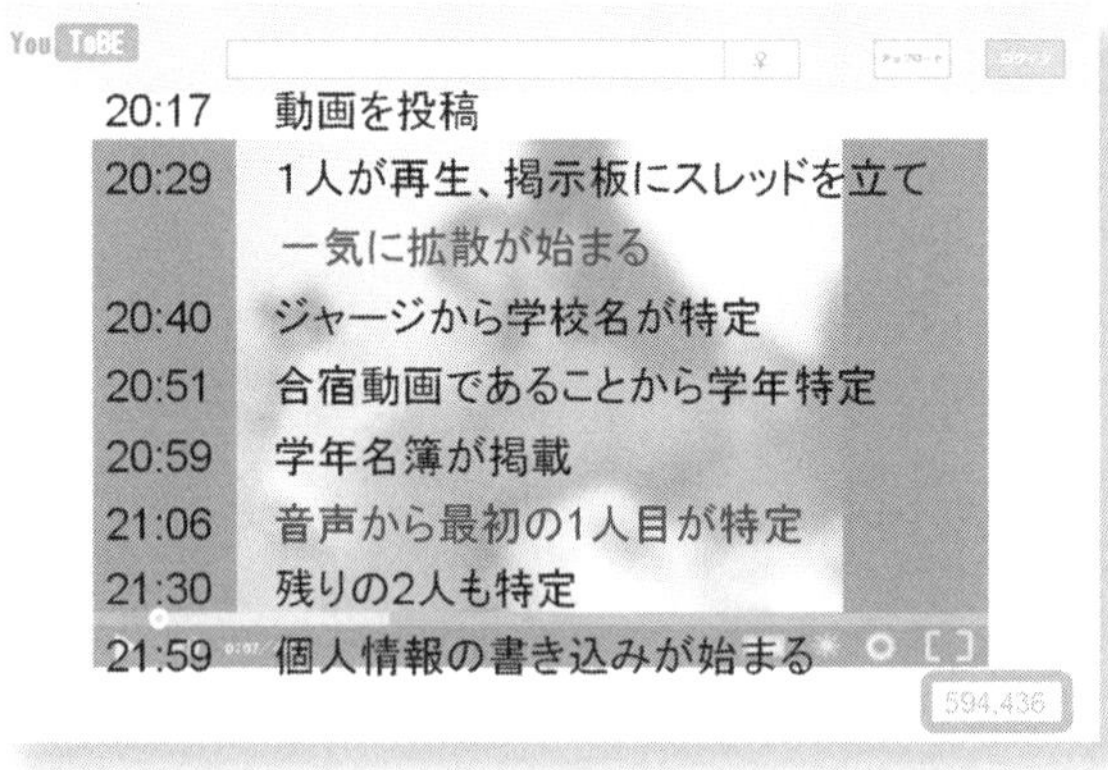

「その学年だったら、俺の友だちの弟の友だちが通っているから、学年名簿が手に入るよ」

なんと学年名簿が用意されたのです。あとは簡単、動画ですから、いじめていた連中がお互いの名前を呼んでいる「声」が収録されていたんですね。その「声」と名簿の突合せがされたのです。

「この学年でこういう名前で呼ばれるヤツは一人しかいねえな。よし、コイツ、特定した!」

最初の一人目は、わずか五〇分後に身元が特定されました。

そして、残りの二人もすぐでした。

・本人の名前
・父親の名前、父親の勤務先とその電話番号
・母親の名前、母親が活動しているサークル、母親の評判

・クラス担任の名前
・学区から予想できる、進学する可能性のある高校名と電話番号
・住所、自宅写真、電話番号

これら、いじめた側の家庭情報が三家族分、すべてネットに掲載されたのです。すぐに自宅には住めなくなりました。注文していない出前の寿司が届く、家に貼り紙をされる、夜中に電話は止まらない……。住めなくなってしまったので、三家族とも引越したのです。そして……。

「引越し先は○○県○○市○○町1―2―3」
「○○県……」
「○○県……」

三家族分の引越し先の住所が、今でもネットに投稿されたまま残っています。終わらないのです。ネット炎上は、一度始まったら、燃やし尽くして灰になるまで止める方法すらないのです。

講演でこの話をすると、多くの方がこう言います。

「いやあ、引越しまでしないとダメだなんて、ネットの炎上って大変ですね……」

でも私、引越しが大変だなんて思いません。だって「引越す」という解決策が存在しているじゃないですか。じゃあ、その解決方法を実行すればいいですよね。

「いやいや、アンタの話だと、この後また何度も引越しをしなきゃいけないんじゃないの？」

そうそう、そうです。何度も引越しすればいいんですよ。六〇回も七〇回も引越ししてりゃ、そのうち引越しをしなくても良くなるでしょ。つまり解決策があるんです。解決策のある問題なんて、ネットの炎上では問題とすら呼ばないんですよ。炎上の本当の恐ろしさ、解決方法がないのは、炎上を引き起こした本人の、その後、五年後、一〇年後、一五年後、二〇年後、二五年後……その後の人生です。

炎上、「本当の」リスク

たとえばこの動画の加害者、いじめた側の人間が、今回の騒ぎを反省してしっかり謝罪したとします。心も入れ替え、勉強も運動も頑張ったとします。するとなんと数年後に、私立高校の推薦合格を取ることができたんです。それくらい頑張ったんですね。
頑張った甲斐あって、推薦合格をもらえたその日に、その合格が取り消されます。
私立高校にこんな電話がかかってきたからです。

「オマエら間抜けな学校だな。あの子、昔ナニやったか知ってる？　そんな人間に推薦合格出しちゃうなんて、ネットでいい笑い者になれるな！　じゃあな」

そんな電話が一本だけ高校に入り、高校は慌てて事実確認をして、間に合うタイミングだったので、推薦合格を取り消したのでした。

実はコレ、日本の全都道府県で起きているんです。

こういう内容って絶対に新聞記事には掲載されないですよね。だから私、実際に日本の全都道府県で、学校関係者に「このような事例」が起きているかを聞いてみたのです。その結果、コレが起きていない都道府県はありませんでした。だからもう聞いて回るのはやめました。この本を読んでくださっているアナタの地元でも起きているんです。

彼は推薦合格が取り消されてしまったので、慌てて別の高校の一般入試を受け、何とか進学することができました。そして数年後にはすべての学業を終え学生ではなくなる時がやってき

2か月後	騒ぎが収まる
2年後	1人が私立高校に推薦合格し、当日中に合格取消し 一般入試で別の高校へ
数年後	就職活動を始める 内定→取り消しが相次ぐ 希望外の職種に就職
11年後	恋人ができる
14年後	婚約 婚約者の親戚がネット検索で、過去の炎上事件を知る 破談

ます。社会に出るワケですから仕事をしないといけませんよね。

この子たちの仕事探し、就職活動は壮絶です。何回面接を受けてもいくら書類を出しても就職できない、内定が出ても取り消される。これがくり返されるのです。

アタリマエですよ。企業の採用担当者は、ネットで起きている炎上の一覧表を、「自分で」「個人的に」「手作りして」持っていると言われています。特に地元で起きた炎上事案はチェックしているでしょう。

間違って、雇っちゃわないようにリストを作ってチェックしているんですよ。だから採用されないんです。彼らの仕事探しは本当に壮絶です。

そしてやっとの思いで職を見つけ働き始めます。希望外の職種でしたが、何とか就職できました。社会人として過ごしていくうちに恋人ができました。その恋人とのお付き合いが進み、めでたく結婚しようという運びになったので、相手のご両親にご挨拶に伺ったところ、こう言われます。

「あなた昔、ネットで炎上させたんですってね。申し訳ないけど、そんな人と自分の子どもを結婚させるワケにいかないでしょう。お帰りなさい」

結婚話が消えてなくなりました。破談です。

これも実話。私が知っているのは、ある都市部に住む二〇代の女性の話です。自分の炎上のせいで結婚できなかったんです。

ここに並べた事例はすべて実際に起きていることです。あのいじめ動画の加害者たちは、最大でコレをぜんぶ背負って生きていかなければいけないのです。助ける方法はありません。歯を食いしばって生きていくしかないのです。

炎上の賞味期限

「さすがにそんな……何年も経てば大丈夫でしょ？　ネット炎上なんて、世の中すぐに忘れちゃうんじゃない？」

そう言われる方もいます。そして……私もそう思っています、忘れちゃいますよ、炎上のことなんて。ホントです。私の感覚ではどんなに派手な炎上も、二〜三か月もすれば世の中忘れちゃうと思っています。そんなモンです。やらかした本人だって忘れちゃうでしょう。

でも……、人間って「進学」「就職」「結婚」などの、

人生の大事な場面

だけ、「過去の振る舞い」がバッチリ注目されちゃうんです、全員、誰でも。

ちょっと想像してみてください。自分の親友・家族・知人、近しい人、昔好きだったあの人、自分の娘・息子が結婚するとしたら……相手が誰だか気になりませんか？

私、自分の勤め先で人を採用するとしたら、絶対に候補者のフルネームをネットで検索しますよ。普通のことです。本人のＳＮＳがあれば見てみようかな、程度の軽い気持ちです。炎上させたことがあるかな、なんていう大げさな確認ではありません。人間は誰でも、人生の大事な場面だけ、自然としっかり注目されてしまうものなんです。

そして、過去に炎上をやらかしていた人は、その大事な場面のたびに、ネットで過去の炎上が見つけられてしまい、そのせいで自分の人生が邪魔されるんです。過去の炎上が、自分の足をグッて引っ張ってくるんです。そんな炎上、世の中はとっくに忘れているのに……。

しかもコレ、解決方法がないどころか、終わりもありません。生きていれば人生の「大事な

場面」は何度でもくり返しやってきます。

これが炎上の本当の恐ろしさです。

ネットを使う人は皆、このことを知ったうえでネットを使わなければならないんです。

怖がり過ぎないで

と、ここまでお話ししましたが、さすがにコレは最悪の最悪、レアケースです。普通はどんなにひどい炎上を引き起こしたって、これほどの長期間、ここまでヘビーな状況は続かないでしょう。ネットなんてただの道具ですからね。必要以上に怖がり過ぎないでください。

でも……。

もしあの動画でいじめられ、殴られていた被害者の子が、いじめに耐え切れずに電車に飛び込んでいたとしたら？　おそらくここまでにお話ししたすべてが、あのいじめの連中に降りかかってくるでしょう。実際にそうなっている事例もいくつか知っています。

もちろんいじめの問題は、まったく別の全員でブッ潰さなきゃいけない、メチャクチャ重要な問題です。でもネットの問題だって、やっぱりまったく別の重要な問題なのです。「いじめの動画で人生が破綻するのは、当然の報いだ」という人もいるんですが、それはいじめの問題として議論すべきであって、今ここで話しているのはネットの問題なんです。いじめ動画の連中を擁護するつもりはありませんが、この場では、とりあえず切り離して考えてください（いじめの話は後半で書きます）。

ネットなんて、使いたい人が、使いたい時に使えばいい、たかが道具なんですよ。理由はともかく、その道具のせいで、人生を棒に振って良いのか。良くないですね。ネットで失敗するよりも、しないほうが圧倒的にイイんです。

じゃあ、ネットで失敗しないように、ビクビク、ドキドキしながら使えばいいのか、と言えば、それは違います。というか、そんなやり方じゃそのうち失敗してしまうでしょう。どうせなら「ネットで絶対に失敗しない方法」を知って、ネットという道具をガッツリ使えばいい、それだけなのです。

そしてこの「失敗しない方法」って、実はビックリするほど、簡単なものなのです。

ネットで絶対に失敗しない方法

「小木曽さん、うちの生徒がツイッターで炎上させてしまいました。御社にご迷惑をおかけするかもしれません！」

数年前、三重県での講演を終えたばかりの私が受け取ったのは、切羽詰まった先生からのメールでした。

(ツイッターで炎上？　でも、なんでウチが関係するんだろう……)

不思議に思いメールを読むと、送り主は、以前お伺いしたことのある高校で、生徒指導を担当する先生。これまでにも、学校の先生から炎上対応のご相談をいただくことはあったのですが、今回はちょっと様子が違います。慌ててツイッターを検索してみたところ……思わぬ事態が起きていたのです。

話はその学校で、教職員向けのネットモラル講演を行った時にさかのぼります。講演も佳境に入り、私の鼻息も荒く、そろそろまとめ、という頃でした。

最後にネットで絶対に失敗しない方法です。そもそもネットの中にいる人って、どんな人たちでしょう？　答えは簡単、私たちです。現実世界で暮らしている普通の私たち、これがネットの中にいる人たちです。

ではネットの中での人間の感情、面白いと思う気持ちや怒る理由、ルール、マナー、文化

はどうでしょう？　これだって現実世界と同じですよ。すべて一緒です。ネットの中でも罪を犯せば、現実世界の牢屋に放り込まれます。

つまり、日常とネットは同じもの、日常はネット、ネットは日常。わざわざ『日常』と『ネット』を分けて考えるから、ややこしくなるのです。日常とネットを同じものだと考えた瞬間、こう言えませんか？

日常でやっていいことはネットでもＯＫ。
そして日常でやらないことはネットでもやらない。

上のイラストは、私がいつも講演で使っているスライドですが、まあ、当たり前と言えば当たり前ですよね。そして、このスライドをもっとわかりやすく伝えるため、続けてこんな話をしています。

インターネットというものは、実はすべて家の『外側』なのです。パソコンもスマホもＬＩＮＥもメールもＳＮＳも、ネットにつながっているモノはすべて家の『外側』。

しかも、その『外側』には特徴があります。何かアホなことをやらかせば、確実に炎上し身元がバレる、ネットはそんな場所です。家の『外側』で、身元が確実にバレる場所ってどこですか？　自宅玄関ドアですよ。

これがネットの正体なのです。

ネットにモノを書くということは、玄関ドアにベタベタものを貼っていくのと同じ作業なのです。だから玄関ドアに貼れるものは、ネットに貼ってもまったく問題なし。

そして玄関ドアに貼れないものは、ネットにも書かない方が良いのではなく……書けないのです。だって人生が破滅するかもしれないんですよ。そんなリスクを負ってまで、玄関ドアに貼りたいモノってありますか？　私にはそんなモノありません。

これまでに起きた数多くのネットの事件、トラブル投稿で、「自宅玄関に貼れたであろうモノ」は、ほぼありませんでした。当然、「玄関に貼れるモノ」なのに、それでトラブルになった事例も見つかりませんでした。

自宅玄関に貼れるものがネットの限界。

だから、自宅ドアを基準に判断すればＯＫ。これがネットで絶対に失敗しない方法です。

玄関に貼ってみましょう

ネットは玄関ドアで、玄関ドアがネットの限界です。じゃあ試しに、これまで実際に起きた大人のネット炎上、たとえばこんなヤツ、

・店員を罵倒する投稿を続けた会社員。
↓個人特定され降格・懲戒
・禁止エリアでドローン撮影し動画を投稿。
↓個人特定され逮捕
・タレント来店を投稿
↓個人特定され会社HPで謝罪文
・芸能人への嫌がらせ投稿。
↓ファンに個人特定されで炎上

こういう事案を玄関に貼ってみましょう。まあ、どれも決して玄関に貼るはずのないモノですよ。だって貼ってみたら……こんな感じなんですから（左頁上写真）。

ないないない！　ないですね。これらの炎上を引き起こしてしまった人たちは、皆、イイ歳をした大人の皆さんです。おそらく普段は、それなりに社会常識もあり、普通の日常生活を送っていた方々でしょう。

ところがいざネットの世界に足を踏み入れた瞬間、ネットの本質を勘違いして、玄関にとんでもないモノを貼ってしまったワケです。そりゃ炎上もしますよ。

日常生活とネットは違うものだ、つながっていない別の世界だ、なんていう誤解をしたまま、日常生活のど真ん中である自宅玄関ドアに、こんなモノをどんどん貼り続けたのです。

しかも残念なことに、**一度でもこの玄関に貼られたモノは、もう絶対に剥がすことができません。**何度剥がしても、ドアを取り換えても、貼ったモノが浮かび上がってくる玄関、それがインターネットです。

ウレシイ炎上

さて、慌てて私に連絡をくれた、高校の先生の話に戻ります。

「玄関ドアの写真」は毎回講演でも使っているのですが、その高校で講演した際、「今後の生徒指導でも使いたい」とのリクエストをいただき、「玄関ドア」の画像データを差し上げました。

それに先生がコメントを加えて教室に貼り出したところ、ある生徒がツイッターに投稿。その投稿が話題となり、二万回以上の賛否両論リツイート、最終的にはツイッターのトレンドワードにまで上がったのです。皆さんの反応は、反対・賛成に大きく分かれました。

反対意見（主に若年層）
・玄関に貼れないものを載せるからネットは面白いんだよ
・現実では言えないこと、だからネットに書くのです
・「おはよー！」だって玄関に貼ったら変じゃない？

賛成意見（主に成人層）
・わかりやすい良い例え
・子どもに情報リテラシーを教える時に使える

・これを否定している人たち、いつかネットで失敗しそう

「そのツイート玄関に貼れますか？」でネット検索すると、今でも当時の激論がズラズラ見つかります。面白いのが、皆さんの賛否が、まあ見事に「年齢層」でパッカリわかれている点です。

「ネットは玄関ドアじゃない」という反対派の若年層は、炎上しない程度の「アホな発言だな」「書かなければいいのに」という投稿が、まあ何とか許される世代です。でも大人はそうはいきません。社会的な評価・信用に直結し、失われたモノは取り返せなくなります。

「玄関に貼れないから面白いんだ」とか「現実では言えないからネットに書くんだ」と言えるのは、実は人生のシガラミ、抱えているモノがまだ少ない、身軽だという意味でもあるんでしょうね。

ちなみに私が玄関に貼らないモノ（＝ネットに書かないモノ）は、

政治の話
外交問題
宗教の話（一般論は書きます）

下ネタ（程度による）

だいたいこのあたりでしょう。でもこれは、あくまで「私」の基準であって、社会的な立場や職業、主義によってでも変わってくるハズです。大人の場合、玄関に貼れる具体的な内容は人それぞれ微妙に違っていて当然なんです。

で・す・が、それが「玄関ドア」であることには変わりません。つまり、立場や主義が違っても、ネットの正体は「玄関ドア」という表現で共有できるのです。メチャクチャ便利じゃないですか？

たぶん皆さんも、初対面の相手と会話する懇親会や立食パーティーなんかでは、こういう話題を無意識のうちに避けているハズです。

ネット＝現実だと考えれば、これくらいの感覚がちょうどイイのかもしれませんね。まあ、あとは皆さん大人ですから、ご自分の玄関ドア「基準」を設定していただければと思います。

とにかく、自宅玄関に貼れるものがネットの限界です。

これでもう、絶対にネットで失敗しない！

それでも炎上させてしまったら

ここまで読んでくださったみなさんであれば、もうネットで「大きな失敗」はしないハズ。では、もし自分の身近でネット炎上が起きてしまったら、いったいどうすればいいのか？
実は私、「炎上させてしまったんですが」というご相談をいただくことがあります。そしてその時、必ず聞かれるのがこの質問です。

「どうすれば消せるんですか？」

質問というより、もう心からの叫びに近いですね。お気持ちはわかります、でも……残念ながらそれはムリ。なかったことにはできないのです。実はコレ、「交通事故を起こしてしまった！　どうすればなかったことにできますか？」とまったく同じ質問なんです。

消さないで

考えたくもありませんが、もし私たちがクルマで人身事故を起こしてしまったら、負傷者の救護や救急車の手配、警察への連絡など、その場で迅速にやるべきことが山ほどありますよね。そして言うまでもなく、その〝やるべきこと〟の中に「なかったことにする」という項目は含まれていません、だってそれ、ひき逃げですから。

人としても社会のルールとしても、ありえない選択肢です。それは最悪の結果をもたらすでしょう。実はインターネットの炎上も交通事故と同じ、「なかった」ことにはできないのです。

自分の投稿が炎上してしまったら、慌てて「すぐに消さなきゃ！」って思っちゃうのもわかります。でも……実は本人が慌てている頃には、すでに多くの人たちがその投稿に気付いているんです。しかも「スクリーンショット（スクショ）」などで画面コピーも保存しています。だって目の前にとんでもない投稿が転がってるんですよ。

「何だコレ、ひでぇな。まだ騒ぎになってないのか。もしかしたら、すぐ本人に消されちゃうかもしれない。とりあえず保存しておこう」

ごくごく自然と「カシャッ」、スクショで保存されます。つまりもう、証拠がバッチリ押さえられた状況なんです。そんな中で投稿を削除して逃げ出したり、アカウントを消して「無かった」ことにしようとすれば、ほぼ間違いなく事態は悪化するでしょう。交通事故で現場から逃げ出したり、クルマを処分したりするのと同じことなのです。

消したら何が起きるのか

騒ぎの元になった投稿（オリジナル）が消されれば、当然ですがスクショ（コピー）に価値が生まれます。だってもうソレしかないんですから。みんなが欲しがるのは当たり前、コピーが一気に拡がり、炎上を拡大させていきます。

さらに投稿を消すことで、一〇〇万人の「おやおや、逃がさないぜ」という気持ちにも火がつき、コピーの拡散もどんどん加速するでしょう。しかも拡散するコピーは、自分が過ちに気付く前、反省する前の最悪なヤツ。

つまりほとんどの炎上では、本人が投稿を削除することで自爆スイッチを押してしまっているんですね。炎上がスタートするタイミングは、自分の投稿で騒ぎが始まった時ではなく、本人の投稿削除をきっかけに、スクショ画像が爆発的に拡散し始めた時なんです。

では、どうすればいい？

炎上投稿は消さない、これが基本です。考えてもみてください。オリジナルの投稿が残っていればコピーなんかに価値はありません。価値の無い情報は拡散しませんから、とりあえず最

悪の事態は回避できるでしょう。

そしてココからが重要。

炎上の原因となった投稿に「続き」の内容、新しい動きを加えるのです。

まず、自分の愚行を素直に詫び、誤解されている部分があれば訂正や補足をします。迷惑をかけた相手がいれば、その相手にどんなお詫びをしたのか、また自分にペナルティが与えられたのであれば、それも可能な範囲で伝えてください。

だって一〇〇万人は、「お詫び」と「ペナルティ」を求めて集まってきているんですよ。だったら最初に、その欲しがっているモノをちゃんと見てもらって、まずは落ち着いてもらわないと始まらないのです。

訂正や補足をする時は、言い訳や反論をしてはダメです。なにしろ相手は一〇〇万人、よほどスジの通った説明でなければ、火に油を注ぐ結果になるでしょう。実際ココで失敗してボコボコにされている事例がたくさんあります。

投稿の記述を修正する場合は、上書き修正ではなく「取り消し線」で消します。上書き修正は削除と同じですから、必ず指摘されて、やっぱりボコボコにされます。ナニをどう修正したのかわかるようにする、これが基本です。

ツイッターなど投稿後の修正ができないサービスの場合は、修正したい投稿を画像で保存して、その画像を加工するくらいの手間をかけてください。

投稿に不適切な画像が含まれている場合も、できる限り画像に処理を施すことで対応、削除しないようにします。やむをえず削除する場合でも、「ココにあったものを削除した」ということがわかるようにしてください。

「想定外」でクローズ

そして決め手は、自分を非難した一〇〇万人に対するお礼、感謝です。

「皆のおかげで自分のアホな行為に気づくことができた、ありがとうね」

バッシングした相手からの「ゴメン」は、まあ想定内、それほど驚かないでしょう。ですが「感謝」は想定外、一〇〇万人の燃え上がった気持ちも、バツが悪くなってクールダウンしてしまうのです。

これは、コミュニケーション手法の一つ、「相手の想定を超える動きをすることで、相手を驚かせ、動きを止めさせ、主導権を奪う」というテクニックです。コールセンターなど、クレーム対応の現場でも使われています。

しっかりと反省の気持ちを伝え、批判に対しても感謝の気持ちを示すことができれば、その姿勢や発言も拡散していきます。つまり、「炎上させてしまったアホなヤツ」ではなく「炎上させてしまったけれども、その後しっかりと対処できた、ネットリテラシーの高いヤツ」という、自分にとっても、少しはマシな情報が世の中に拡がっていくのです。

あくまで次善策

言うまでもなく、すべてのケースでこの「削除しない」選択がベストとは言い切れません。炎上の対処には高度な判断が必要なのです。でも、書き込みの削除が「鎮火」につながったケースはほぼ無い、というのも事実なのです。少なくとも、私はそんな事例、聞いたこともありません。

そもそも問題になった投稿を消してしまったら、ここまでお伝えしてきた対処法がすべて使えなくなるんです。だってお詫びやお礼を書こうにも、ソレを書く場所を消してしまっているんですから。

しかも投稿を消すことは、炎上騒ぎの主導権を手放すという意味でもあります。自分への容赦ない批判や個人情報の暴露を、ただただ眺めてるだけ。騒ぎの張本人なのに、炎上の参加者ですらなくなってしまうのです。これはツライ。だから炎上投稿は消さない、やっぱりコレが基本です。

言うまでもなく炎上なんて起こさないほうが良いでしょう。交通事故だって、適切な対処より事故を起こさないことのほうが大切です。でも「自分は安全運転だから、事故の対処法は知らなくていいんだ」なんてワケにはいきませんよね。ネットも同じ。炎上を未然に防ぐ知識も持ちつつ、イザという時の対処法も心に留めておきましょう。

ちなみに自分の身近でネット炎上を起こさせない、かなり確実な良い方法があります。この本を今すぐ、ご家族&ご親戚&ご友人にもれなく送って差し上げるのです。

そうだ、そうしよう！

column

風呂場でスマホは使うな

私は風呂場でも使える防水のスマホを持っていますが、あるコトに気が付いてからは、風呂場には持ち込まなくなりました。

実は以前から不思議に思っていたのですが、仕事のトラブルで解決法が見つからない時や、良いアイデアが浮かばない時に、風呂に入ったりシャワーを浴びたりすると、ふわっとアイデアが浮かんでくることが多かったんです。

また特に問題を抱えていない時でも、頭を洗っているタイミングなどに、自分でもびっくりするような良いヒラメキがあったりしました。実際、私が講演で話す内容やコラムに書いている内容は、たいてい風呂場で思いついたものです。

なぜだろうと不思議に思っていたある日、ネットで面白い記事を見つけました。


人間は、頭を使わなくても作業できる時間帯に、良いアイデアが浮かぶ

そもそもアイデアというものは、ゼロからいきなりパっと思いつくものではありません。

もともと自分の頭の中にあった「何か」と「何か」が結びつき、別の何かに生まれ変わる、そのヒラメキがアイデアと呼ばれるものです。

その脳の中でヒラメキが生まれやすい状態が、散歩、食器洗い、トイレ、手慣れた料理、そして風呂などの、「何も考えなくとも頭を動かせる時間」なんだそうです。

どんな時にいちばんヒラメくのかは、人それぞれですが、私にとっては風呂場がまさにソレでした。風呂場にスマホを持ち込んでいる時は、アイデアが浮かびません。つまり私にとって防水のスマホは、何もしない時間を、何かやれてしまう時間に変えられる、有能過ぎる道具だったのです。


これは、だからスマホはダメだ、なんていう話ではありません。道具ですから、その道具が自分にとって一番有効になるような使い方をすればいい。道具の特性や、自分自身の特性、クセを知るのはとても重要なことなのだと思います。

第2章

SNS
「大人のたしなみ」

震災翌日、SNSでヘリが来た

〝児童施設の園長である私の母が、施設の子どもたち一〇名と、避難先の宮城県気仙沼市の第一公民館の三階に、まだ取り残されています〟

これは二〇一一年三月一一日、東日本大震災の当日に投稿されたツイッター（イメージ）です。

津波が押し寄せた気仙沼からの、救助を求めるSNS投稿。そして左下のタイムスタンプ（投稿された時刻）は、なぜか地震が発生する前の午前八時〇三分。いったい何が起きていたのでしょうか？

実はこのツイッター、宮城県から投稿されたものではなかったんです。

「私の母」は当時、気仙沼市の海岸近くにあった障害児童施設で、責任者として勤務されていました。

地震発生後、彼女はすぐに子どもたちを連れ、当時の避難場所だった公民館に移動します。

やがて公民館にも津波が到達、二階部分にまで海水が入り込み始めました。その危機的な状況

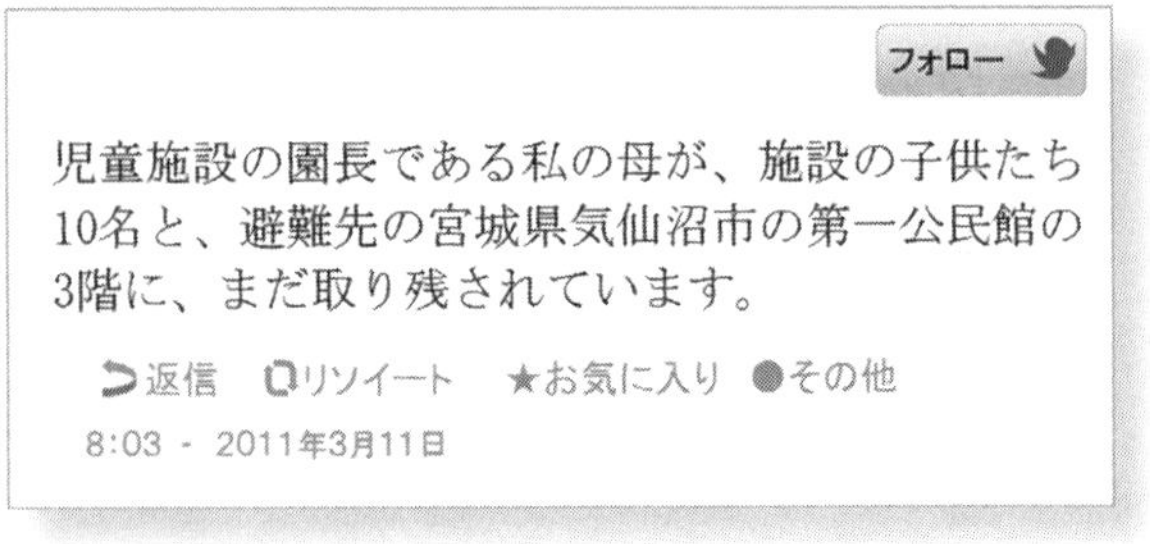
フォロー
児童施設の園長である私の母が、施設の子供たち10名と、避難先の宮城県気仙沼市の第一公民館の3階に、まだ取り残されています。
返信　リツイート　★お気に入り　●その他
8:03 - 2011年3月11日

を、携帯電話のメールで、息子たちに伝えていたのですが、それはこんな内容だったのです。

〝公民館の三階にいる。周りが火の海。もうだめかもしれない〟

母親からこんなメールが届いたら、誰だって仰天、慌てますよね。息子さんもそうでした。ですが、慌てた理由がもう一つ。息子さん、実はそのメールを当時の勤務地であった「イギリス」で受け取ってしまったんです。

こんなメールを一万キロも離れたイギリスで受信してしまった彼は、とっさにツイッターに飛びつき、冒頭の内容を投稿します。「日本の誰か、これが読める人、誰でもいいから……！」。そんな気持ちで書かれたものがこのツイッターだったんです。書き込み時刻はイギリス時間、だから間違いでも何でもありません。

こんな内容ですから、コレを見た人たちはもうみんなビックリ。この投稿をどんどん拡散させていきます。本当に大勢の人たちがこれを見て、どうにかできないのか、と心配な気持ちで見守っていたんです。でもほとんどの人たちは……見守ることしかできませんでした。

やがて、この状況でも「どうにかできる」数少ない一人のもとに、このツイッターが届けられます。当時、東京都の副知事として震災対応中だった猪瀬直樹さん。あの混乱の中、自分宛に転送されたツイッターに気が付いた猪瀬さんは、消防庁の担当者とすぐに検討を始め、救助に

平成２３年　（２０１１年　　金曜日

東日本大震災発生直後の三月十二日未明、宮城県気仙沼市で一時孤立していた住民およそ４４６名に対し、東京消防庁のヘリが出動し、２日がかりで全員が救出されていた。

このほどヘリで救出された人たちが十八日、東京都庁を訪れ、猪瀬直樹副知事に謝意を伝えた。

「今でもヘリコプターを見ると胸がいっぱいになる」。救出されたうちの一人、宮城県……向け福祉……園長・内……る。震災……は児童ら……が、近隣の市立……景島保育所からは、所長が０～５歳児が、近くの公民館に逃げ込んでいた。

向かう決断をします。

「二九人乗りのヘリがあったよね、あれを飛ばそう。もし、この投稿内容に間違いがあったとしても、こんな状況だ、現地で必ず何かの役に立てるよ」

救援ヘリが、現地からの要請なしで飛び出すのはかなり異例のことです。また当時、すでにネット上にはウソの救助要請やデマ情報が拡散し始めていました。

でも、このツイッターの投稿には緊迫感や信憑性が感じられました、そして公民館の具体的な所在地も確認できたため、救助に向かうことを決断できたのです。

日の出にあわせて現地の公民館に到着したヘリコプターからレスキュー隊員が降り立ちます。そこで隊員が目にした光景は、事前に把握していた「施設の園長と子どもたち一〇名」が避難している状況ではありませんでした。

赤ん坊や妊婦を含む「四四六人」が、その公民館にすし詰め状態となって避難していたんです。全員が二日間かけて無事救助されました。

携帯はつながらなかった

東日本大震災からさかのぼること一六年、一九九五年一月一七日には、兵庫県を震源とする大地震が発生しています。六〇〇〇人を超える方々が亡くなった阪神・淡路大震災。当時はまだ携帯電話が普及する前の時代、携帯を持っている人は珍しい、そんな時代でした。

そして、その後のたった数年で、誰もが携帯電話を持ち歩く時代がやってきます。

「あの地震、あの時代に携帯電話や携帯メールがあれば、助けられた命があったかもしれない」。後になって、そう考えた人も少なくありませんでした。でも……一六年後の東日本大震災では、携帯がほぼ使えませんでした。

携帯電話に限らず、一般的に電話の仕組みは「同時に発生する大量の通話」に対応できません。最悪の場合システム全体が破損し、一一〇番や一一九番になどの優先接続先にも一切つながらなくなります。そんな事態を避けるために、震災時などはシステムがパンクする前にわざと「つながりにくい」設定に切り替わるんです。

では、携帯メールはどうだったかというと、やはりこちらも、ほとんど送信できない、送信できても相手に届かない、遅れてやっと届く、そんな状況でした。携帯会社のメールサーバーも、メールが殺到しパンク寸前だったんです。

実は気仙沼から携帯メールが送信できたのは、いくつもの幸運が重なっていたから、と言われています。他の被災エリアでは、地震後すぐに基地局が浸水、エリア一帯の携帯が使えなくなったり、地震で基地局が大きく損壊したケースもありました。もちろんメールサーバーだってパンク寸前。気仙沼のメールは、運よく壊れなかった基地局につながり、運よく送信できたメッセージが、安定して動き続けていたツイッターにバトンを託すことで、四四六人の命が救われた、そんな幸運の連続だったんです。

ツイッターはなぜ止まらなかったのか

安定して動き続けていたツイッター……そうなんです。電話や携帯メールがつながらない状況でも、インターネットのサービスはまだ動き続けていました。ネットはその仕組み上、利用者が大量に押し寄せても、まだ何とか動いてくれます。

猪瀬さんにイギリスからの救助要請を届けたツイッターも、利用者のアクセスが急増する中、

一度もダウンすることなく動き続けました。ですがその背景には、インターネットの特性に加えて、一人の技術者の「機転」と「判断」があったのです。

米国内でツイッターのサーバー管理を担当していたある技術者が、ニュースで日本の大震災発生を知ります。その時、彼の頭をよぎったのは「利用者が急増して、ツイッターがダウンするかもしれない。今そんなことが起きたら……」。助けを求める人たちのSOSや、安否確認の連絡ができなくなってしまう、そんな最悪の想像でした。

いくらインターネットが震災時に強いと言っても限界があります。大量のアクセスが同時に発生すれば、サービスがダウンしてしまうこともあるんです。実際、当時のツイッターは日本国内の利用者増に追いつけず、頻繁にサーバーダウンを起こしていました。

その技術者は、すぐに部屋を飛び出しサーバールームに駆け込みます。そして、週明けに使う予定だった増強用のサーバーを箱から取り出し、日本エリアでの処理能力を強化できるように接続したんです。当時、彼はそのような判断をする立場にはありませんでした。ですが、「今やるべきことは……」というとっさの判断で、誰の許可も取らずに行動したのです。

この彼の機転により、日本国内のツイッターは震災中、一度もダウンすることなく動き続けました。そして、そのツイッターが気仙沼の四四六人を救う最後のバトンを届けたんです。

震災を機に、日本ではツイッターやフェイスブックなどのＳＮＳ利用者が急増します。震災時に機能しなかった携帯電話や携帯メールの代わりに、「ＳＮＳの個別メッセージ機能（ＳＮＳユーザーどうしのメールのようなもの）が使えるらしい」、そんな情報が広まり、利用者が一気に増えたのでした。同時に、ＳＮＳという言葉も世の中に浸透していきます。

その後の爆発的な普及は、みなさんよくご存じの通りですね。

ＳＮＳの正体

ＳＮＳという言葉が世の中に知られるようになり、利用者の数も激増しましたが、そもそもＳＮＳって何でしょう？　「ＳＮＳ？　◯◯だよ」って自信を持ってカッチリ説明できる方って、意外に少ないんじゃないでしょうか？　インターネットでＳＮＳの意味を検索してみると、こんな説明が見つかります。

――ＳＮＳ（ソーシャル・ネットワーキング・サービス）：

ＳＮＳとは、人と人とを結び付ける機能を有し、さらにその結び付きを強める機能を持

つインターネットサービスの名称

SNSの機能は「人を結び付け、関係を強める」この二つだけ。この要素を満たす道具がSNSと呼ばれています。考えてみれば、私たちの身の回りには、こういう道具が溢れていますよね。スマホ、パソコン、タブレット……最近じゃゲーム機にだって、この要素がないモノを探す方が大変です。私たちは大人も子どもも、誰もがSNSに囲まれていて、気が付いたらSNSを触っている、そんな状況にあるんです。

実は、大人向けの講演会では毎回必ず、こんな質問をしています。

「みなさんの中で、自分はSNSを使っているという方、ちょっと手を挙げて頂けますか？」

以前はそれほど手が挙がりませんでしたが、最近ではもう八割くらい手が挙がります。かなりの普及率ですが、それでも二割くらいの方、特に年配の方々はあまり手が挙がりません。なぜなら「ワシャSNSなんてやっていないよ」と、ご自身で思われているからでしょう、って当たり前ですよね。

でも実はそんな方々、特に年配の方々こそ、SNSに「詳しくて」、SNSを「使ったことがあって」、SNSのことを「人に上手に説明できる」人たちなんです。

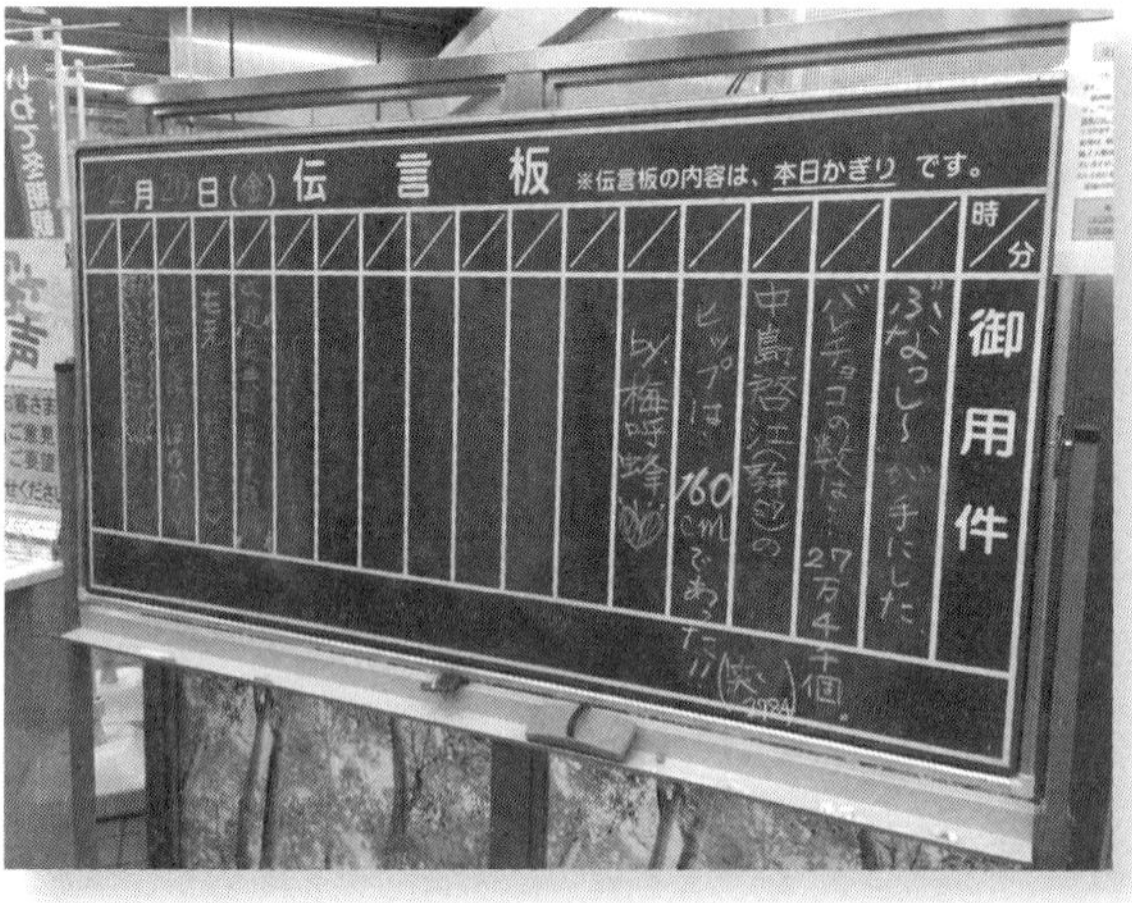

なぜなら……二〇年くらい前までは、どの駅の改札にも必ず設置されていた黒板の「伝言板」、アレ機能的に完全なるＳＮＳなんですよ！

……って、ハイ！　今この本を読まれている方々の反応が、見事にパッカーンと、二つにわかれました。

黒板の伝言板を知っている方
「はいはい、あったね！　懐かしい」

黒板の伝言板を知らない方
「……ナニそれ？」

もうね、小学校のＰＴＡなんかで質問すると、それこそ八割くらいの保護者の方は伝言板を知らない世代ですよ。そんな方々のためにご説明しましょう。黒板の伝言板とはっ！

伝言板の物語

そもそも昔は、メールどころか携帯電話もありませんでした。だから待ち合わせも必死だったんです。今みたいに、

「○時に○○駅ね」

なんていうポップでラフな待ち合わせじゃないですよ。

「○時○分に○○駅の△△側、いつもの場所、柱三本目の裏あたり」

たかが待ち合わせに、そこまで綿密な約束を交わしていたんです。それが当時の「待ち合わせ」でした。だって想像してみてください。これから待ち合わせに出掛けるって時に、自分も相手も携帯電話を持って行っちゃダメ、なんて言われたら、「会えないんじゃないか」って不安になりませんか？

その通りなんです。会えたり、会えなかったりだったんです。

それが携帯電話「以前」の待ち合わせでした。家を出る寸前に、親に呼び止められるかもしれ

ない、途中で忘れ物に気付いて引き返すかもしれない、バスが来ないかもしれない……待ち合わせに遅刻する要素はたくさんあるのに、家を出たら最後、連絡の取りようがなかったんです。たかが二〇年ほど前の話ですけどね。

しかも、もし約束の時間に相手が現れなくても、うかつにそのへんブラブラできないんですよ。だってその間に相手が到着しちゃったら……ね。ですから当時は、待ち合わせ場所に恋人が現れず、でもその場を立ち去ることができず、シクシク泣いている女の子もいました。なんか凄いでしょ。

そんなベリーハードな待ち合わせ時代に、必須アイテムだったのが「黒板の伝言板」。駅など待ち合わせに利用されやすい場所には必ず設置されていました。もし待ち合わせに失敗したら伝言板を見よう。「先に行くよ」「今日は中止！」「あの店で待ってます」。そんなメッセージを伝えるために黒板が使われてたんです。

私の場合は東京の渋谷駅、東急東横線の改札前にあった伝言板、通称「東横ボード」。アレにはずいぶんお世話になりました。学生時代の「今日の飲み会の店はココ！」という確認場所は、東横ボードだったんです。

もう今ではすっかり見かけなくなりましたが、人と人を結び、その結び付きを強める、あの黒板は完全にＳＮＳでした。

インコは帰ってきた

黒板の伝言板は無くなってしまいましたが、今でもしっかり生き残っている「昔ながらのSNS」はまだあります。たとえば、街中に貼られたこの貼り紙、いつぞやの秋に近所で見かけたモノなんですが、

「可愛がってたんだなあ、戻ってきてくれたらいいなあ。でも、鳥が飛んで行っちゃったのはさすがに厳しいよなあ……」

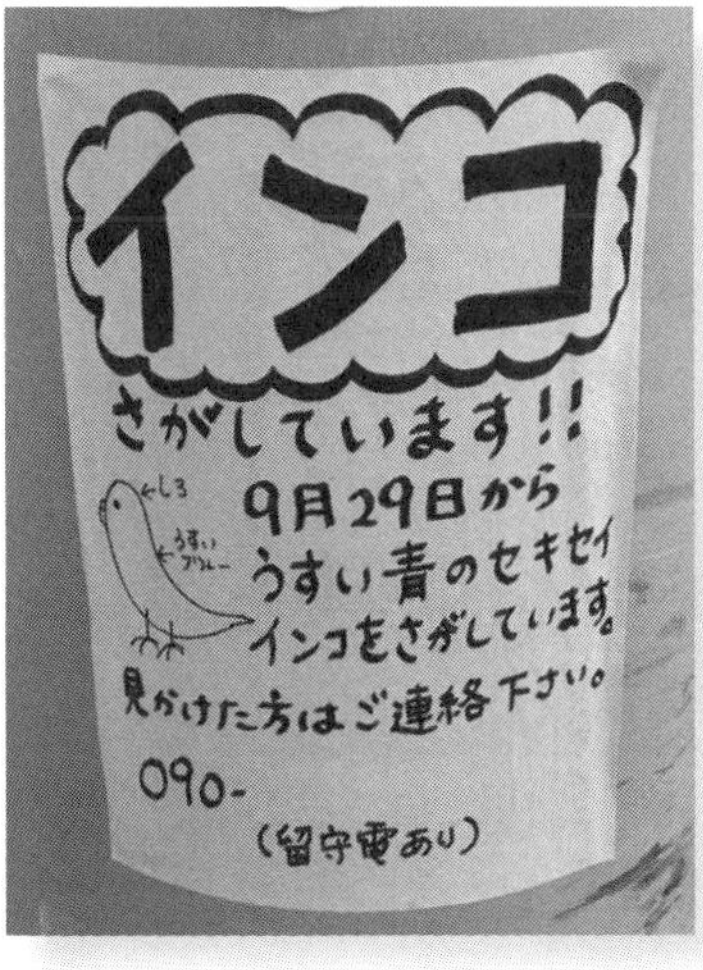

と思っていたら、後日「この貼り紙のお陰で戻ってきました」(次頁上写真)だって。しかもまったく知らない通りすがりの誰かが「よかったね」というコメントまで……コレたぶん貼り紙を剥がす時に、飼い主も気が付いてますよね。人と人とを結び付けた上にインコまで戻ってきて、しかも誰かの「よかったね」まで……もうコレ、完全にSNSです。

もちろん、貼り紙は勝手に貼ってよいものではないの

で、それはまた別の話なのですが、先ほどの「ワシャＳＮＳなんてやっていないよ」という方々だって、黒板の伝言板は知ってるし、貼り紙もご存じのハズ。つまりＳＮＳを知っていて、上手に説明もできるんです。

ＳＮＳは、新しい道具でも何でもありません。昔から使われていた黒板や貼り紙が、機械仕掛けになって、インターネットに乗っかっただけ。ソーシャル・ネットワーキング・サービスなんて偉そうな名前で呼ばれているだけです。私たち大人の方が、ＳＮＳのユーザーとして、子どもたちよりも先輩なんです。

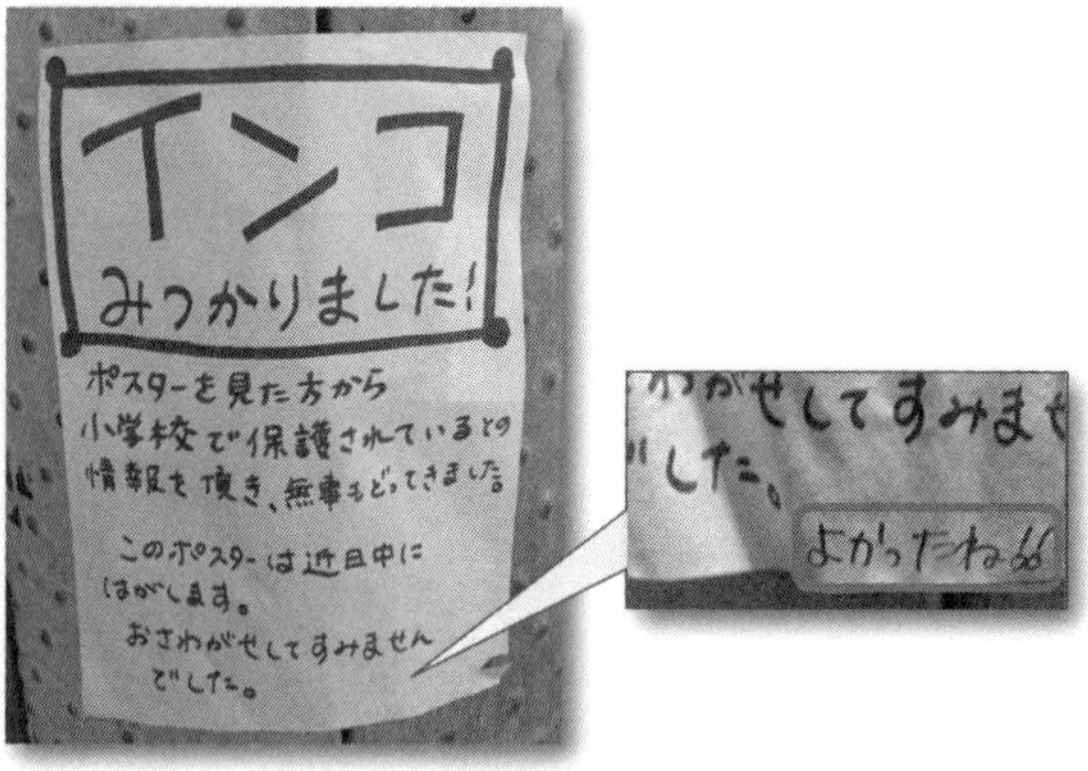

２つの特徴

ＳＮＳは昔からある道具。現在のＳＮＳも、昔の黒板や貼り紙と本質はなんら変わらない。この点については間違いありません。ただ現在のＳＮＳには、黒板や貼り紙にはなかった特徴、しかも決定的な特徴があります。それは、

情報が拡がる範囲
情報が拡がる早さ

という二点。ちなみに拡がる範囲は「**全世界**」、拡がる早さは「**一瞬**」です。黒板や貼り紙のSNSにはない、このたった二つの特徴、パワーが、気仙沼のような物語を作り出したり、ネット炎上を引き起こしたりしているんです。

逆に言えば、この二つの特徴をしっかり押さえれば、現在のSNSもワリと簡単に理解できると言えます。

さあ、前置きがずいぶん長くなりましたが、この章ではインターネットの様々なサービスの中でも、特にSNSの「大人のたしなみ」について確認していきたいと思います。

SNSは人柄（キャラ）がバレる

昔から「インターネットには匿名性がある」とか、「SNSは簡単に他人に成りすませる道具だ」なんて言われてきました。ですが実際には、よほどの技術・知識がなければ、ネット上で身分を偽ることはできません。

ネットカフェから書き込まれた犯罪予告でも、警察関係者が裁判所の差し押さえ令状を取ってガッツリ調べれば、最終的には誰が書き込んだのか、ほぼ特定されます。

こういうコトを書くと、「つまり、警察が動くような悪さをしなければ、他人に成りすませるってコトだろ」って言われる方がいるんですが、その通りです。でも考えてみてください。実はリアルな日常生活の中だって、似たようなもんじゃないですかね？

たとえば、飲み屋のカウンターで知り合った相手に、テキトーな自己紹介をするとか、レストランの順番待ちで偽名を使うとか、そんな程度の「身分の偽り」は、まあ珍しくないですよね。SNSやネットの匿名性だって、実際はそんな程度、たいしたレベルの「匿名性」ではありません。しかもひとたび炎上すれば、警察が動いてもいないのに、あっさり身元がバレちゃう。ホントそんな程度の匿名性です。

それどころか、むしろ逆、実はSNSやネットって、その人のキャラクターがもの凄くバレやすい道具なんですよ。たとえば自分の知り合いがSNSに書き込んだ発言や投稿を見て、「あれ……この人って、このタイミングでコレ言っちゃうんだ」とか、「こういう自慢しちゃうんだ」とか「……意外に攻撃的だな」なんて感じることありません？　コレにはちゃんと理由があるんです。

SNSやネットって、たいてい一人ぼっちで書き込んでいますよね。実は私たちの日常生活って、意外に「一人ぼっち」な場面が少ないんですよ。コンビニでの買い物だって、店員さんとのやり取りがあるし、レストランでも他のお客さんがいます。

私たちは、たいてい誰かに何か気を遣いながら生きていて、完全な一人ぼっちで「何かをする」場面は思っている以上に少なく、そして、その数少ない場面の一つが……ネットやSNSなんです。

人間は一人ぼっちになると、本質や本性が表に出てきます。画面の向こうに相手がいるSNSだって、文字を入力しているその場にいるのは、たった一人の自分。一人ぼっちで書いているからこそ、SNSにはその本人のキャラが反映されやすいんです。匿名性どころか、その人の本当の姿が投稿内容にギュッと凝縮される道具。だから「あの人の意外な一面」が見えちゃうんですね。

ふだんの日常よりも、もっと謙虚に気を遣いながら使ってちょうど良いくらい、自分が丸裸になる道具、それがSNSです（ちなみにクルマの運転にドライバーの人柄が出るのも、同じ理由だと思っています）。

私、その人の本当のキャラクターを知りたいと思った時には、SNSの投稿内容や発言を見るようにしています。

こんなこと書くと、

「え、人柄がバレる道具なのか……じゃあSNSは使わない」

なんて思われるかもしれませんが、大丈夫ですよ。心の中によほどの闇を抱えている人でもなければ、キャラなんてバレても大した問題にはなりません。というか、これだけたくさんの人が「キャラがバレる道具だ」とは知らずに使っているんですから、この事実を知った今、アナタは他の人よりSNSで有利、強いんです。だから大丈夫。

クルマだって「人柄がバレる道具なのか……じゃあ使わない」にはならないでしょ？　特性を知って使えばイイんです、ただの道具ですから。

SNSケンカ道場

そんなSNSやネットの世界では、本当に毎日、あちこちでいろんなケンカが起きています。もちろん大人同士でも。いやむしろ、ネット上でツバ飛ばしながらアホみたいに派手なケンカをしているのは、圧倒的に私たち大人だったりします。

「自分が正しい！　なぜなら！」

「いや、正しいのはこっちだ！」

お互いの正義をかけた熱き戦い。でもハタから見ればたいてい大した内容ではありません。ほとんどは「柴犬とパンダ、どっちが可愛いか」レベルの内容ですから。間違いないです。つまり、ほとんどのケンカは、

「どっちが正しいか、間違っているか」

ではなくて

「自分はそれが好きか、嫌いか」

という、最終的には「あっ、コレって人それぞれじゃね……」で終わってしまう内容なんです。それをあたかも人生を賭けた戦いみたいに延々と言い争っているだけ、ホントです。しかもその戦いの舞台は「キャラがばれやすい道具」ＳＮＳですよ。日常生活みたいな「抑え」が効きにくい状態でキャラ丸出しのケンカ。まあ醜いったらありゃしない。

だから、もしケンカになっても「あれ、このケンカって単に好き嫌いの話だな……」と気付い

てしまったら、「へぇ！　なるほどね！　マジ参考になるわ！　じゃっ、そゆことで」とサッサと会話を終わらせるのがコツです。

先に気が付いた方が、そのケンカの「勝ち」なんです。

ＳＮＳのケンカで重要なのは、表面的な勝ち負けではありません。パンダＶＳ柴犬で勝ってもしょうがないんです。それより重要なのは、ＳＮＳ＝大勢が見ている、というその特殊な状況。そのケンカが第三者にどう見えているのか、自分をどう見せるのかが重要なんです。パンダＶＳ柴犬から、スマートにサッと身を引けば、ハタから見てどちらがカッコいいかなんて一目瞭然ですよ。

では、そうやって上手にかわしたのに、それでもしつこく食い下がってくる相手にはどう対処すればいいのでしょう？

目隠しバットで殴り合おうぜ！

このケンカの舞台はＳＮＳですから、ケンカ道具は当然「文字」ですよね。でも実は文字って、そもそもケンカでは使えない「飛び道具」なんです。ある研究によると、文字の表現力は「対

面」の表現力の三〇パーセント程度だそうです。もちろん諸説ありますけど、仮にもし三〇パーセントしか伝わらないのならば、細かなニュアンスも相手に届かないワケですから、軽い暴言も相手にとっては「もの凄く強烈なパンチ」になってしまう可能性があるワケですね。つまりSNSでやる、文字のケンカは、

「お互いが目隠しをして、バットで殴り合う」

のと同じなんです。ニュアンスが調整できず、手加減が効かないんです。そんなケンカ、死んでしまいますわ、お互いに（この場合の〝死ぬ〟は、相手と一生縁が切れるという意味です）。

しかもバットで殴り合っている醜〜い姿は、まわりの人間に丸見え。SNSは、いろんな意味でケンカに使える道具ではないということですね。

だからこそ、サッサと「じゃっ、そゆことで」と会話を終わらせるのがベストなんですが、それでも食い下がってくる相手が、「お前は間違ってる！　頭がおかしい！　死ね！」なんて個人攻撃でもしてこようモンなら……チャンスですよ。

「マジ？　そんなヒドい奴がいるの？　最低だねえ」という具合に、明後日《あさって》の方向へ打ち返してください。

その結果、まわりの人たちに軸を合わせず、相手の戦意をそぐのです。相手の挑発に軸を合わせず、まわりの人たちに「今の対応、イケてるな」って思わせれば……自分の評価も上がって一石二鳥です。コレはかなり高度なケンカテクニックですが、ネット上には、そういうスマートなケンカができる人たちがたくさんいます。私はそういう人たちのツイッター（SNSの中でも、飛びぬけてケンカが起きやすい場所です）をマメにチェックして勉強していますよ、爆笑しながら。

切れてな〜い

SNSはキャラがバレるとかケンカに向いてないとか、まあ色々と書き並べましたが、私は大人こそがSNSを使うべきだと思っています。大袈裟ではなく、SNSが「新しい人間関係を発明した」と本気で考えているからです。

試しに「SNS以前」の人間関係をちょっと思い浮かべてみてください。ネットもある。携帯電話もメールも使っている。でもまだSNSはない。つい最近の話です。引越しや転職で人間関係が変わっても、昔の仲間といつでも気軽に連絡が取れる。便利な時代になったなあ……って思いつつも、じゃあ実際に連絡したかっていうと、そうでもなかったですよね。

携帯やメールがあっても、お互いの環境が変わり、会っていない空白の時間が生まれると、やはり埋めがたい距離を感じて、そのまま関係が切れてしまう……こんなことはしょっちゅうでした。つまり、SNS以前の人間関係は、

「人間関係がつながっている」
「人間関係が切れている」

の二パターンしかなかったんです。ところが、私たちの生活にSNSが入り込んできた結果、新たに「人間関係が切れてない」という第三のパターンが生まれました。

SNSでは、五年も一〇年も会っていない知人が、今日のランチで何を食べたとか、先週はバーベキューやったとか、ほぼリアルタイムで知ることができます（知りたいかは別として）が、でも本来その情報って「つながっている」人間しか知りえないモノです。

しかも、そのランチが旨そうだったら、気軽に〝いいね！〟ボタンですよ。わざわざコメントを書きこまなくても、「見てますよ、切れてないですよ」という感情を、もの凄く気軽に相手に伝えることができます。その結果、再会するハードルが自然と下がり、たとえそれが一〇年ぶりの再会だったとしても、

「そう言えば、このあいだ食べてたランチの店だけどさ」

っていきなり始められる、まさに人間関係が「**切れてない**」状態。あ、別にそれが素晴らしいと絶賛するワケではないですよ。他人のランチなんか興味ねえよ、とか、勝手にバーベキューしてろや、とかおっしゃる方の言い分もわかりますし、そもそも、環境が変われば人間関係が疎遠になるっていうのも、本来は自然なことです。

でも、これまでは「つながっている」「切れている」の二択だった選択肢が三つに増えた、というだけでも凄いことだと思うんです。それが気に食わなければ選択しなければいいワケですし、ランチもバーベキューも知りたくない人は、そもそもSNSをやらなければいいだけです。SNSは道具ですから、使わない、という使い方もあって当然なんです。ですが、「切れてない」という新しい人間関係が出現したこと自体、なかなかすごいことだと思いますよ。

若者のフェイスブック離れ？

一時期、「若者のフェイスブック離れ」なんていう記事をよく見かけましたが、そういう記事を読むたびに、私は「アホな記事だなあ、当たり前じゃん」って思っていました。だって先ほど

「大人こそがSNSを使うべき」と書いた理由が、まさにココにあるんですから。

SNSの中でも、実はフェイスブックって、私たち大人が使ってこそ初めてその機能がフル活用される道具なんです。フェイスブックが特に優れているのは「友だちかも」という機能。「この人、アナタの友だちじゃないですか？」って提案してくるヤツですね。他のSNSにも同じ機能がありますが、その中でもフェイスブックは「まあ良く見つけてきたね」っていうくらい、過去のいろんな時代から「友だちかも」を引っ張り出してきます。

そしてその「友だちかも」が、もう何年も会っていない、業界や環境も違う、でもまた会いたいな……という人であれば、またつながったり「切れていない」関係を作ったりできますよね。単純にウレシイじゃないですか。ちなみに私、フェイスブックがきっかけで、小学五年生の時に塾で隣だった友だちに、先日三〇年ぶりに再会しましたよ。懐かしかったですねえ。

ですがこの機能、これまでに生きてきた時間が短い若者が使ったところで、そもそも「もう何年も会っていない」という人間関係もなければ、自分の生活環境だってそこまで大きくは変化していないワケですから、機能を発揮しようにもできないんです。若者にとってフェイスブックは、特徴もないただのＳＮＳ、面白いワケないいんです。「フェイスブック離れ」どころか、そもそも若者向きじゃないんですよね。

長く生きてきて、いろんな環境の変化があって「人間関係が切れている」友だちが多い私たち大人こそ、フェイスブックをフル活用できる世代、フェイスブックは大人向けなんです。

友だちホイホイ

フェイスブックに興味はあるけど、自分のことはあまり書きたくないなぁ、というアナタ。たとえばこんな使い方はどうですか？

ズバリ「**何もしない**」。

ＳＮＳは道具ですから、いろんな使い方をしちゃってイイんです。ユーザー登録だけして、親しい友だちの二～三人くらいは登録して、あとはそのまま放置しておきましょう。登録する友だちは、できればフェイスブックをよく活用しているような人を選びます。

するとそのうち、フェイスブックが勝手に「友だちかも」を連れて来てくれますよ。その中から「つながりたい！」って思う人だけつながればＯＫ。三か月もすれば友だちが数十人に膨れ上がっているでしょう。

私はコレを「昔の友だちホイホイ」と呼んでいます。

万一つながりたくない人が表示されてしまったら……。×ボタンで消せば、もう二度と表示されません。イヤだなって思う人から「友だち申請」が来たら、気が付かなかったフリをすれば、まあ大丈夫でしょう。

わざわざ自分の日常を投稿しなくても、つながっている人たちの日常を眺めるだけでも十分に楽しめます。SNSはただの道具ですから、アリかナシかじゃなくて、好きなように使えばいいんです。もし要らなくなればやめればいいんです。何度も言いますけど、ただの道具ですからね。

「友だちかも」でバレること

「友だちかも」は便利な機能ですが、便利過ぎて思わぬ失敗の原因になることがあります。

たとえばある〝セクシー〟女優さん。この場合は「ものっ凄く」セクシーという意味のセクシーなんですが、この業界には、SNSの「個人アカウント」を持っていて、ファンとも交流している女優さんがいらっしゃいます。

そんな女優のファンであるAさん、ある女優さんに友だち申請したところ、めでたく承認されました。すると後日、Aさんの友だち「みんな」に表示されるのが、

「あなたはセクシー女優さんの知り合いですか？」

というお知らせです。これはフェイスブックが、

Aさんはあなたと友だちだ。
Aさんはセクシー女優さんと友だちだ……ということは、
あなたとセクシー女優さんも友だちじゃね!?

と判断して表示している「友だちかも」です。どっちかと言えば

ほら！　アナタ！　セクシー女優さんとお友だちでしょ!?　だってAさんは、セクシー女優さんとお友だちなんだもの！　ほら！　ねっ！　見てっ！

ですよね。怖すぎるぜ「友だちかも」！

友だちリストの公開範囲は設定できます。ご自分の性的嗜好は世間にお知らせしなくてもよい情報ですから、くれぐれもご注意ください。

他人の視点で要チェック

ＳＮＳにユーザー登録する時の個人情報、アレを律儀に全項目しっかり入力されている方がいますが、必須項目だけ入力すればＯＫですよ。

不必要な個人情報まで、あえて登録する必要はないです。後から追加したい情報があれば、たいていは追加できますからね。

そして登録が終わったら、自分の登録した情報が「他人」からどんな風に見えているのか、必ず確認しましょう。

同じサービスを使っている知り合いに頼んで、自分の情報がどんな感じで表示されているかを見てもらったり、自分自身、いったんログアウトしてから、他人の視点になって自分のページを見たりするのです。そうすれば、自分が公開したつもりのない情報が表示されていても、早い段階で気付くことができます、先ほどの「性的嗜好」とか。もうね、ホント早い段階で気が付いた方がイイです。

実は近年、SNSで携帯番号が「公開」になっているケースが増えています。プロフィール欄に携帯番号がバーンって表示されるので「うわあ」って思っちゃうんですが、本人に知らせると逆にビックリされるので、本人は気がついていないんですよね。自分の情報がどんな感じで見えているか、必ずしっかり確認しましょう。

長く使っているSNSでも、運営側が設定を変えたり、無意識に自分で設定を変えちゃったりすることがあるので、どのSNSでも、自分の登録情報の「見え方」については、定期的なチェックをおススメします。

ネットだから心配？

そもそも「このSNSやネットサービスには、個人情報を登録しちゃっても大丈夫なのかな」という「目利き」も大切です。たとえば講演先で、先生方や保護者の方からこんな質問をいただくことがあります。

ネット通販に個人情報を登録しても大丈夫？

SNSの登録時に個人情報を入力するのが怖い……

ではまず、銀行に預金口座を作る場面を想像してみましょう。

名前・住所・電話番号から身分証明書のコピー、さらに、口座の暗証番号など、ホントにさまざまな個人情報を登録しますよね。「銀行に口座を作るんだから、当たり前じゃない」って思われるかもしれませんが、では、なぜ私たちは、銀行に「当たり前」のように個人情報を預けられるのでしょうか？

コレ、「銀行が情報を外部へ流出させることは絶対にない！　可能性はゼロパーセント！」って信用しているからではないですよね。実際、銀行をはじめたくさんの業界、サービスで情報流出事故は起きています。じゃ、私たちは何を基準にして、相手を「信用」しているんでしょうか？

それはきっと「もし情報の流出事故が起きても、銀行はちゃんと逃げずに対応するハズだ」という無意識の信用・判断です。

実際、もしそんな事故が起きても、銀行は迅速に対応して、信用の回復に努めるでしょう。つまり私たちは、「ちゃんとした対応」を期待できる時だけ、個人情報を預けているのです。街中で声をかけてきたようなアンケートに、詳細な個人情報を書かないのも同じ理由でしょう。

実はSNSやネット通販も、これと同じように考えて欲しいんです。「このサービスはどういう会社が、どれだけの期間やっているのか？」「サービスの評判、クチコミは？」「銀行口座は法人名義になってる？」など、個人情報を預けられるか、イザという時にちゃんと対応できるかを見極めるポイントは、実はたくさんあります。

「ネットだから危険」なのではなくて、その会社が「万一」の時に、逃げずにちゃんと対応できる会社が運営しているのか」で判断する、個人情報を預けるかどうかの判断では、ココが重要なんです。

情報流出だってピンキリ

もちろん「イザという時に逃げなければイイ」というだけの話ではなく、どんな企業も、個人情報の取り扱いには細心の注意を払うべきです。でも、ひとことで個人情報と言っても、いろんな種類があるんですよね。深く考えず、優先順位もなく、全部一括りで「個人情報」にしていませんか？

たとえばある日、

「申し訳ございません、お客様の口座番号と銀行口座名義を流出させてしまいましたぁ！」

という連絡を、銀行からもらったとします。「何してくれちゃってるんだ、マッタク」と思うのは当然なのですが、では実際に、口座情報が外部流出したことで、具体的にどんなリスクが想定されるのか……。実はコレ、せいぜい誰かから、勝手にお金が振り込まれる可能性が増えるくらいのリスクしかないのです。

もちろん、世の中には何でもかんでも飯のタネにする犯罪者がいますので、「押し貸し」なんていう詐欺もあります。これは勝手にお金を振り込んで、つまり勝手にお金を貸し付けて、暴利をむさぼるというヤツなんですが、そもそもこれは犯罪ですから、警察に届けて終わり。銀行口座番号の個人情報としての価値なんて、たかだかそんなモンですよ。よく大騒ぎされるマイナンバーだって同じです。あの番号単体では、何かに悪用しようとしたところで、正直、何もできません。

その個人情報にどんな価値があって、どんなリスクが想定されるのか、そもそもリスクがあるのか、ちゃんと冷静に理解する必要があるんですね。

そのためにも、個人情報をリスクの度合いで分類して、優先順位をつけましょう。何でもかんでも「個人情報！」「個人情報！」と一括りにしていると、本当に優先度の高い「個人情報」をおろそかにしてしまいます。

たとえば、口座番号やマイナンバーより、実はリスクがメチャクチャ高いのに、ほとんどの人が気にしていない、こんな個人情報（SNS投稿）があります。

「明日から家族で旅行！　ひさびさの海外です」

これ、自宅玄関に「長期外出中」って貼りだしているようなモンですよ。世の中の空き巣稼業の方々には「タマランねぇ♪」という素敵な情報です。

実際に海外では、SNSで「海外旅行中」と確認したターゲット宅を専門に忍び込んでいた空き巣が捕まっています。空き巣いわく「これほど確実なビジネスはないぜ？」だそうな。ごもっとも。自宅の不在情報はかなり高度な「個人情報」ですよね。

SNS乗っ取り

そして、間違いなく「とても重要」な個人情報の一つは、SNSのID・パスワードでしょう。そのID・パスワードが盗まれ悪用されたら……SNSの「乗っ取り」です。

「知り合いのアカウントから怪しい広告が送られてきた」とか、「友人の〝ニセモノ〟からプリペイドカードを買ってくれと頼まれた」など、割とよく耳にする話ですよね。SNSの乗っ取りって、実は意外に身近なリスクなんです。

だから、乗っ取られてしまった時に「急いでやるべきコト」や「乗っ取られにくいパスワード」など、知っておくべき知識はたくさんあります。

そして最も大切なのは、その知識を使って「前もって」ちゃんと対策しておくことです。実は私、乗っ取られちゃったんですよ……ずいぶん前の話ですが。もう、大変でした……。

サングラス

ある時、出張中だった私がそろそろ寝ようかというタイミングで「お前のフェイスブック、大丈夫か?」という連絡が友だちから続々と入り始めました。長い夜の始まりです。

慌てて自分のページを開いて見たところ、自分自身まったく投稿した覚えのない、サングラスの安売りを絶賛する投稿が目に飛び込んできます。自分のSNSに、自分が投稿していないモノが書かれている光景って、まるで自分の部屋に誰かが入り込んでいるようで本当に不気味でしたよ。「レイボン!?　知るか!　アホ!」。サングラスメーカーに八つ当たりしながら頭の中を整理します。こういう時、まずどうするんだっけ?

実はコレ、当時、流行りはじめていた「サングラスが安い！」という乗っ取り広告（当然ニセモノ、詐欺サイトに誘導される）でした。その広告が、私のアカウントからバンバン投稿されてたんですね。広告に注目を集めるため、その投稿には私の友だちがたくさん「タグ付け」（○○さんと一緒にいます的なヤツ、その○○さん宛に通知が飛ぶ）されていました。

すぐにパスワードを変えろ

こんな時、急いでやるべきコトはただ一つ。パスワードの変更です。

もしパスワードが変更できれば……ものすごくラッキー。たいていの場合、乗っ取り犯は真っ先にパスワードを変えてしまいますから、急いで、乗っ取り犯よりも早く、パスワードを変更してください。

でも、残念ながら乗っ取り犯に先を越され、パスワードを変更できなかったら……まだやるべきコトがあります！　その時、パソコンやスマホでそのSNSに「ログイン中」だったら、自分の友人たちに向けて「乗っ取りのお知らせ」を掲載しましょう。うう……。

「ごめん、このSNS乗っ取られちゃった。本人による最後の書き込みだよ。新しいアカウントでやり直します。これ以降の投稿は全部、乗っ取り犯が書いたヤツです。あとグラサンは買わないでね」

SNSにもよりますが、乗っ取られてパスワードが変更されちゃった後でも、ログイン状態が継続し、投稿できる場合があるんです。

たとえばフェイスブックは、第三者がパスワードを変えた後でも、乗っ取り犯が「追い出す」操作をしなければその前にログインしていた状態は維持されます。だから間違ってもログアウトしないでください。残念ながら乗っ取り犯がマメな場合は、パスワード変更時に追い出されちゃいます。だからこれも「できればラッキー」。

お別れ投稿をしたら、SNSに保存されている画像など、取り戻したい大切な情報をバックアップしましょう。腹立たしくも悲しい作業です……。あと、忘れずにSNSの運営会社にも連絡しておきましょうね。

私の場合、実は乗っ取り犯がマヌケで段取りが悪かったため、グラサン広告が投稿された後でもパスワードを変更できました。つまり乗っ取り犯は、私のパスワードを変更する前にグラサン広告を投稿していたワケですね。犯人がアホで幸いでした。ナイス犯人！　アホめ。

なぜ乗っ取られたのか

さて、これでひと段落かと思えばそうはいきません。むしろココからが本番。一晩かけて、自分が使っているほぼすべてのSNSにアクセスし、一つずつパスワードを変えていきます。この作業こそが、そもそも私がSNSを乗っ取られちゃった最大の理由なんです。

　実は、私みたいに「乗っ取られちゃった人」には、ほぼ「共通点」がありまして……。みーんな「**ネット上のいろんなサービスで、同じIDとパスワードを使っていた**」人たちなんです。いやあ、パスワードね！　そのウチどうにかしなきゃと思ってたんですけどね、ついズルズル先延ばしにしてたんですよね、完全に言い訳ですね。

　SNSを乗っ取ろうとする連中は、ネット上のいろんなサービスの中から、セキュリティ体制の甘いサーバーを探し出して侵入。保存されている利用者情報（ID・パスワードなど）を、バレ

ないようにゴッソリ抜き取ります。

次に、抜き取ったID・パスワードで、フェイスブックやLINEなど他のメジャーなサービスに対して、手当たりしだいにログインできるか試すんです。この時、「いろんなリービスで同じIDとパスワードを使っていた人たち」がマルッと乗っ取られちゃうんですね。

だから、もしフェイスブックが乗っ取られた！　という時でも、必ずしもフェイスブックから情報が漏れたワケではなく、逆にどこから漏れたのかわからない！　だって全部同じパスワードだし……というワケで、一晩かけてすべてのパスワードを変えなければならなかったんです。

乗っ取りに負けないパスワード

「SNSを乗っ取られないために、全サービスのパスワードを、それぞれ違うものにしましょう」。なんてサラっと言っちゃう専門家もいますが……ムリムリ！　そんなの覚え切れません。「違うものに！」と言ってる本人だって、ホントにそうしてるの!?　って聞きたくなっちゃいます。少なくとも私にはムリ。

パスワードを覚えなくてもよい「パスワード管理ソフト」なんて便利なモノもありますが、そのソフト自体がハッキングされた、というシャレにならない事件もありましたので、ココはひとつ「すべて違うパスワードなのに、自分の頭の中だけで覚えられる」方法を考えてみたいと思います。

まずはベースになるパスワード、ある程度複雑で、ちゃんと覚えられるパスワードを決めてください。そしたら、あとは簡単。

ベースになるパスワード＋●●

●●にあたる部分に、自分で決めたルール・法則に基づいて文字を追加するんです。たとえば、LINEだったら「LI」とか、フェイスブックだったら「FB」とか（これは単純な例なので、実際はもっと複雑なもので！）。

とにかく法則を思い出せば、一つずつ覚えなくてもOK、というルールを作るんです。するとすべてのパスワードが「ちょっとずつ違うもの」に変化します。

そんなのすぐバレちゃうんじゃね？　って思いますよね。でも乗っ取るような連中って、たいていパソコンなどを自動で走らせ、ひたすらログインを試しているのです。だから、一発目にログインできなかったものは、さっさと諦めてくれる可能性が高いんですよ。

もちろんこれが完全な方法ではありませんが、共通のパスワードで使い続けたり、覚え切れないパスワードを紙にメモするよりは、はるかにマシでしょう。また二段階認証という仕組みを持っているサービスなら、それを有効にするだけでセキュリティがかなり向上します。かならず有効化しておきましょう。

それは乗っ取りじゃない

「私のツイッターが乗っ取られちゃったんですが……」

時々、高校生から聞かれる質問です。何もしていないのに、ツイッターが勝手に投稿する、場合によっては、友だちに向けてダイレクトメッセージまで送ってる。ふつう誰もが「すわっ！　乗っ取りか!?」って心配になりますよね。

ですが、たいてい乗っ取りじゃなくて(可能性はゼロではないですが)、ツイッターの設定を変更するだけで解決します。そもそも、何でそんなコトが起きちゃうのか？

実はこういうケースで困っている人って、たいてい、以前ネットのどこかで

「この続きを読む(ここをクリック！)」

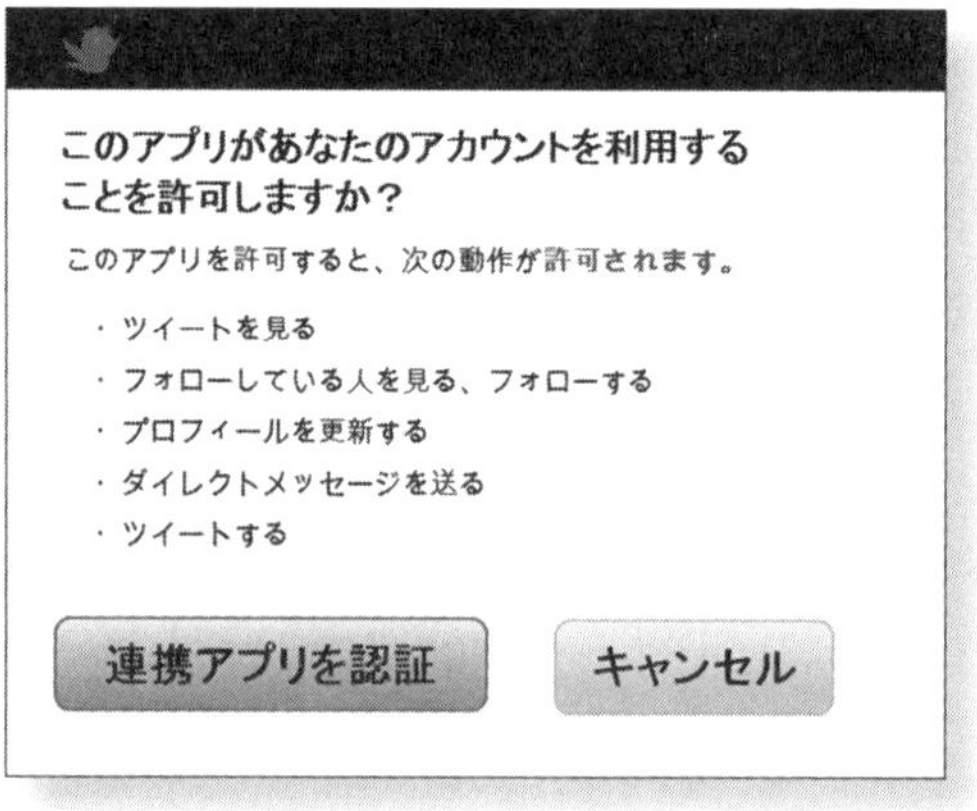

みたいなリンクを押した後に、ツイッターのログインに誘導され、さらに、

「●●にアカウントの利用を許可しますか？」

的な質問にOKを押しちゃった人たちなんです。

ツイッターが勝手につぶやく内容は、広告だったり、続きが読みたくなるようなネタだったり……つまり「その書き込みが広まると誰かが得をする」という書き込みです。押してしまったOKボタンは、そういう誰かに、

「私のツイッターを自由に使っていいよ」

という許可を与えちゃうボタンだったんですね。ダメですよ、これ。よく知らない相手に、自宅のカギを渡すようなモンです。よほど信頼のおけるサービスでなければ、許可しちゃダメなやつです。

このような場合は「アプリ連携」の設定をひらいてその許可を取り消せば、たいてい解決しま

す。もしわからなければ、「●●●（SNSの名前）　アプリ連携　解除」などのキーワードでネット検索すれば最新情報を確認できます。

ちなみにコレ、フェイスブックでもまったく同じことが言えます。フェイスブックの場合は「あなたを×××診断するアプリ」とか「過去の投稿を加工して投稿するアプリ」というタイプが多いです。

「●●にアカウントの利用を許可しますか？」

には、常に警戒心を持つことをおススメします。

中には著名なアニメキャラを勝手に使用し、著作権的に見ても完全にアウト、というアプリもあります。「自分の友だちリスト」を抜き取られるケースもあります。友だちにも迷惑をかけるので、注意しましょう。

誤爆で自爆

たとえば、純情可憐、虫も殺さぬようなアイドルが、突然、

「あのプロデューサー、マジでキモい！ 死ね」

なんていう暴言を吐いたら、誰だってビックリしちゃいますよね？ でもこれ、実際に起きてるんです、起きちゃうんです。そう、SNSならね。

芸能人のSNSでよくありがちな失敗なんですが、たとえばファン向けの公式アカウントの他に、プライベートで友人とやり取りするアカウントを持っているとします。公式アカウントでは、当然タレントイメージを意識した投稿をしますよね。ファッションやスイーツ系の写真なんかも載せちゃったりして。

一方のプライベートアカウントでは、気心の知れた友人とのやり取りですから、本音やら暴言やら、タレントイメージとはかけ離れた投稿なんかもするわけです。

当人はこの二つのアカウントを、ログインを切り替えながら使っているのですが、うっかり公式にログインしたまま、プライベートな投稿をしてしまうと……冒頭のブッ飛び投稿がされてしまうんですね。さっきまでスイーツ食べてたのに、急に「キモい死ねっ」ですから、まあ、ファンもビックリですよ。

これはいわゆる「誤爆」と呼ばれるSNSでの失敗です。

ある意味「本人による乗っ取り」みたいなもんですが、実は芸能人に限らず、ごく普通の会社員でも壮大な「誤爆」をしてしまうことがあるんです。

会社員だって誤爆する

今は多くの企業がSNSの公式アカウントを持っていますよね。キャンペーンのお知らせや個性的なつぶやきで人気のアカウントもあれば、一〇〇万人以上のフォロワーを抱えているアカウントだってありますが、そんな「会社の顔」ともいえるアカウントから、ある日突然、

「なんて無駄な時間だろう」

「うちの社風はもう終わっている」

「社員になってから幸せを感じなくなったなあ」


こんな、広報部門の心臓が止まるような投稿がされたら、あっという間に大炎上でしょう。

慌てて削除、謝罪コメントを掲載したところでアトの祭り。

コレ芸能人と同じように、公式アカウントとプライベートアカウントの切り替えでミスしているんです。割と頻繁に起きていて、過去にはお役所のアカウントが誤爆したこともありました。

実は企業の広報さんから、SNSアカウントの運用方法についてご相談をいただくことがあるのですが、必ずお伝えしているのは、

「専用のパソコンや、専門の端末で運用してください」

という点です。公式アカウントを運用するなら、ぜひ専用の端末を設置して、そのアカウントの更新のためだけに使用することをお勧めします。他の業務と兼用したり、ましてやログインを切り替えるなんて……想像しただけで怖いっ！

専用機だって、夜間の更新や社外からの更新にも対応できます。もし専用機が難しければ、せめてアカウントを切り替えて使うことは禁止しましょう。

では、もし万が一「誤爆」をやらかしてしまった時には、どうすればいいのか？

N
ニコニコバーガー
アカウントが乗っ取られた可能性があり、現在ハッキングの有無も含めて調査を行っております。ご心配をおかけして申し訳ございません。
N
ニコニコバーガー
上司です、誤投稿、失礼しました。本人ショックで立ち直れてないので代理で！
彼も色々大変だったのに私気づけず…
ご心配下さったみなさん、明日からまた彼も頑張りますので<(_ _)>

誤爆だって逃げちゃダメ

タレントだろうが企業だろうが、このような「誤爆」の時、絶対にやってはいけないのが、

「アカウントが乗っ取られたようです」
「ハッキングの可能性があります」

などの言い訳です。誤爆をやらかしただけでも管理体制が疑問視されるのに、そんなバレバレの言い訳でもしようものなら目も当てられません。「それは無い、無いわ～」と馬鹿にされて終わりでしょう。

これ、基本的には前の章でお伝えした「炎上」と一緒ですから逃げちゃダメです。もはやピンチをチャンスに変えるしかありません。逃げずにうまく笑いの方向に持っていければ、ソコに話題が移り、フォロワーも増え、逆に新たなファン、フォロワーの獲得にもつながります（ふだんクソまじめな公式アカウントであれば、さらに効果は倍増です）。

フェイスブックだって誤爆

「自分は広報じゃないから、誤爆なんて関係ないよ?」というそこのアナタ。実はSNSを使う人なら、誰でも誤爆のリスクを抱えているのです。

たとえばフェイスブック。この「誤爆」は、ヘタすると本人がずっと気が付かないままの怖〜いヤツです。ある日、AさんのSNSに「どエロな動画」が表示され、何気なく再生ボタンを押しました。その瞬間……!

〝みなさーん! Aさんが! この「どエロな動画」をシェアしてま〜す! とっても気に入ったみたいですよー! ほら! ねっ! ねっ!!〟

というのと同じ破壊力を持った「シェア」のお知らせが、ババババーンと表示されることがあるのです。

これは、再生ボタンに「シェア」や「いいね」のリンクをコッソリ埋め込み、本人に気づかれないよう拡散させる、という手法で、実際に過去、あちこちで惨劇を引き起こしています。ホント怖すぎるぜ……。私の知り合いでも、非常にまじめな印象の方がコレをやっていましたが、結局、ご本人には言えずじまいでした(ごめんなさい)。

フェイスブック側も、このような悪質な行為ができないようにと色々と工夫しているのですが、悪徳業者も本気ですから、イタチごっこがくり返されている模様です。

まあ、言い出せばキリがないんですよね。だから私は、現実的な方法でチェックしています。自分のタイムラインを、定期的に「**他人の目線**」で確認するのです。

フェイスブックには、他人からどのように見えているのかを確認できる機能があります。その他のSNSでも、外からの見え方を確認するためのサブアカウントを作る(利用規約に違反しないようご注意)など、方法はいくらでもあります。

自分のページには何が投稿されていて、他人からどう見えるのかを、時々確認するといいでしょう。これは個人情報の登録について触れた「他人の視点で要チェック」の箇所でご説明した考え方とまったく一緒です。

ジットリと誤爆

これも男性にありがちな失敗なのですが、Aさん、新しくお友だちになった女性のタイムラインを眺めていたら、その女性の何とも可愛らしい写真を見つけました。思わず「いいね」してしまいそうですが……ちょっと待って!! その写真、いつ投稿されたものですか？ もし、何年も前の写真だったら、「いいね」を押すのは我慢したほうが無難です。

だってその女性や、女性の友だちのタイムラインには、まるで、

〝Aさんが、わざわざ○年前の写真を探し出して、「いいね」してますよ〜〟

みたいに表示されてしまうんですよ。Aさんが、この女性のタイムラインを数年分ジットリと眺めてるまっ最中です、と宣言されているようなモンです。まあ、こういうのはドコまで気にするのかっていう話ですから、最後はそれぞれでご判断を。

死んだらどうする？

さてココまでは、「生きている」人間がSNSをどう使うか、というお話でした。

当たり前ですよね。死んじまったらSNSは使えません。でも……もしアナタが……死んだなら……。ギョッとするような話ですが、これは、誰にでも必ず訪れる運命、備えておくべき重要なテーマです。

実は以前、私の知人が突然、もう本当に突然、亡くなってしまったんです。あまりにも突然すぎて、葬儀の翌週にも、フリーランスでやられていた仕事がたくさん入っていました。

そして仕事の詳細や連絡先、スケジュールなんかを、ご自身が「iPhone」だけで、たったひとりで管理されていたんです。ですから、だれも仕事のことや連絡先がわからない、どうしよう……と困っていたその時！

ご遺族の方が、ダメもとで亡くなったご本人の手を取り、その指をiPhoneに押し当てたところ、なんと指紋認証でロックが解除され、関係者に必要な連絡をすることができたのでした。

本来この指紋認証のシステムって、生きている指にしか反応しないハズなんですが、なにしろまだ新しい技術なので、今回のような事例が起きたのかもしれません。仕事上の連絡先やスケジュールについて、イザという時にどうすればいいのか、大事な情報はココに入っているよ、なんていう会話を、家族としておくのも大事ですね。

では、もし自分が死んでしまった時、パソコンやＳＮＳのデータはどうすればいいでしょうか？

パソコンのデータはどうする？

最近はクラウドサービスも充実し、自宅でデータを管理する機会も少なくなりましたが、それでも自宅パソコンに保存されているデータは少なくありません。色々な事情？　から、自分の死後、それらのデータを消したいという方がいらっしゃると思いますが、フリーソフトや多機能ＨＤＤケースを使えば、そんなワガママにも対応できます。

まずフリーソフトで有名なのが「死後の世界」。指定したフォルダに一定期間アクセスがなかったら、そのフォルダを自動削除するように設定できます。

また同じくフリーソフトの「僕が死んだら」は、デスクトップの遺言状がクリックされると、指定フォルダの削除がスタートするという、ちょっと変わったソフトです。いずれもネットで検索すればすぐ見つかります。

ＨＤＤケースでも同じような機能を持った製品があり、「センチュリー」という会社からは、設定した日数までにアクセスしないとデータが消えるという多機能ＨＤＤケースが販売されています。イザという時に削除したいデータをこのケースで保管すれば、いろいろ都合が良いワケです。

いずれのやり方も、「間違って消しちゃった」とか「うっかり消えちゃった」というリスクがありますので、データの扱いにはくれぐれもご注意を。

SNSのデータはどうする？

フェイスブックには、自分が死んでしまった時に、そのアカウントを故人をしのぶための「追悼アカウント」に切り替える機能が備わっています。追悼アカウントに切り替わると、本人が亡くなったという表示に変わり、「友だちかも」や「誕生日」も表示されなくなります。

設定画面から、自分の死後、アカウント管理を任せたい「友だち」を指定できるんですが、実はコレ、指定された本人に必ずしも通知がされるワケではないんですね。

遺族がフェイスブックに「本人が亡くなった」と申告、必要な手続きを終えた時点で、はじめて管理人に「アナタ追悼管理人！　ヨロシク」という連絡が入ったりします。私もある友人を管理人に設定していますが、本人には知らせていません。ビックリするかな……。そのほか「自分が死んだらアカウント全削除」という選択肢もあり、同じく設定画面で指定することができます。

他のSNSでは、たとえばグーグルだと「アカウント無効化管理ツール」という機能があり、死後のデータ管理を細かくカスタマイズできます。また多少お金がかかりますが、行政書士と「死後事務委任契約」を交わしてID・パスワードを預け、自分が死んだらSNSは○○してね、と一括してお願いする方法もあります。

このような日ごろの備えも大切ですが、一番重要なのは、突然の「イザという時」に備えて、毎日はっちゃけながら、後悔のない日々を送ることですよね。

私、もともと、GREEカスタマーサポートの責任者でした。亡くなったユーザーさんのご遺族からいただく連絡は、本当に辛かったです。

column
フェイスブックとツイッター

大人の方からよく聞かれる質問です。

「フェイスブックとツイッターって何が違うんですか?」

コレ、非常に答えにくい質問で、機能は似ているけれども中身が全然違う、でも使っている人たちも、実は「違い」がよくわかっていない。フェイスブックやツイッターってそんな道具なんです。

実際、両方を使いこなしている大学生に「どんなふうに使い分けてるの?」と聞いても、「どうだろうなあ」という答しか返ってこなかったりします。

確かに機能は似ています。自分が感じたコトや、目の前の綺麗な景色を投稿したり、面白いネット記事を見つけたらみんなに勧めたり、友だちの投稿に「いいねえ!」と賛同したり、誰かとケンカしたり……機能も使われ方も似ているんですが、使ってるユーザー層も年代も、サービス内で起きる事件も、見事なくらい違うんですね。

両者の違いを一つ一つ説明しても良いのですが、もうスパッとわかりやすく一発で説明すると、

フェイスブックは「カラオケボックスで熱唱」
ツイッターは　　「ストリートで熱唱」

もうコレに尽きます。カラオケボックスに行くのは、友だち同士、仲間うちですよね。何か歌えばちゃんと見てくれるし、ノッてくれるし、拍手もしてくれる。時々ドアの外を人が通り過ぎたり、のぞき込んだりすることはあっても、知らない人がドカドカ入って来ることは、まあ、ほとんどありません。これがフェイスブックです。

一方でツイッターは、もう完全に外、ストリートでギター抱えて熱唱です。友だちも見にきてくれるけど、まったく知らない人たちもたくさんいます。ほとんどの人は、演奏の横をただ通り過ぎるだけ。たまに面倒くさそうな酔っ払いが絡んで来たり、ガラの悪い連中がヤジ飛ばして来たり。でも、素晴らしい曲を書いて良い演奏ができれば、もうあっという間に大観衆が集まってきて絶賛!　ブラボー!　コレがツイッターです。


うーん、なんか我ながら、かなりウマく説明できた気がします。

第3章

ネットと子育て・ネットと家族

歩きスマホ？

街中での「歩きスマホ」、よく見る光景ですよね。運転中の信号待ちで、隣のクルマに目をやれば、スマホをいじるドライバー……危ない危ない。いずれも良くない行為なんですが、実は私、

「歩きスマホ」
「ながらスマホ」

この●●＋スマホという表現があまり好きではないのです。まるでスマホのせいで起きている問題みたいですよね。「えっ？　だってそうでしょう？」と思われるかもしれませんが、本当にそうでしょうか？

ほんの十数年前まで、サラリーマンの朝の出勤風景なんて「歩き新聞」だらけでした。もっと昔ならプラス「歩きタバコ」でしたよ、危ない危ない。さらに時代を溯れば……かの二宮金次郎。歩きスマホの元祖みたいな方です。

現代にも通用するような合理的な経済政策を打ち立て、思想家・実践家としても名を馳せた二宮金次郎ですが、万が一、当時の彼が銅像のタイミングで馬車にアタックしていたら、その後の話も大きく変わっていたでしょう。

もちろんコレ、昔のサラリーマンや偉人の金次郎でさえもやっていたことだから「歩きスマホも問題ないんじゃね？」という話ではありません。全部ダメです。歩きながら何かしちゃダメなんですよ。だって危ないから。当たり前ですよね。スマホとか関係ないんです。新聞だろうがスマホだろうが、歩きながら何かするのは危険だし、周りに迷惑をかけるからダメなんです。●●スマホって名付けると、あたかも新しい現象みたいに見えてしまいますが、問題の本質はもっと単純な話で、本来スマホとは関係ないのです。まあ、どのみち「歩きスマホ」はダメですけどね。

ネットリテラシーや情報モラルと呼ばれる分野には、こんなふうに本質から若干ズレてしまっている事例がたくさんあります。

スマホ依存チェック

こんな感じのチェックシート、やったことありませんか？　該当項目にチェックをしていくと、「ハイ、あなた○個以上チェックしたからね、スマホ依存ね」と教えてくださるヤツです。さまざまな団体・個人が作っているようで、割とよく見かけるのですが、この内容をソックリそのまま、ゴルフ大好きAさんに置き換えてみましょう（左頁上）。どうです？　ゴルフ好きなら、間違いなくすべてにチェック入れるでしょ？　ゴルフクラブなんて隠そうものなら、たぶん怒って追いかけてきます。隠してゴメンよ。

では、すべてにチェックが入ったAさんは、はたしてゴルフ依存症なのか。違います、ただのゴルフ好きです。

もしこれが、腰痛になっても素振りをやめない、土日もゴルフ三昧で家族関係にヒビが……ともなれば、Aさんはゴルフ依存症かもしれません。なぜなら依存症とは、依存による弊害があって初めて成り立つものだからです。たとえば、アルコール中毒の専門医のもとに、こんな患者が現れたとします。

せ、先生よう！　オレ、毎日一升瓶空けちゃうんだよ
でも酒が止められなくてよ、どうしよう！

こんな症状を先生に訴えたとしても、その人が「体は健康、人間関係も仕事も家庭も問題なし。精神状態も正常、その他モンダイなし」だとしたら、アルコール依存症とは診断されません。

- ☑ スマホが気になって集中できない
- ☑ 無意識のうちにスマホを触っている
- ☑ スマホを使うなと言われたら腹が立つ
- ☑ スマホを隠されると不安になる

- ☑ 週末のゴルフが気になって集中できない
- ☑ 無意識のうちに傘でスイングしている
- ☑ ゴルフをやめろと言われたら腹が立つ
- ☑ ゴルフクラブを隠されたら許さない

依存症というのは弊害がないと「なれない」んです。先生、この人、ただの酒好きですよね？

では左上の「スマホ依存チェック」を見てみましょう。依存症で重要なのは、具体的な弊害が起きているか否か、なのに、たいていのスマホ依存チェックシートでは、弊害をチェックする要素はゼロで、「何をしているか？」という行動の数しかチェックしていないのです。

そもそもお医者さんでもない団体・個人が依存のチェックシートを作っちゃうってのも妙な話です。私が以前見かけた「いちばんヒドイチェックシート」には、こんな項目がありましたよ。

最近、イライラする　□はい □いいえ

これってスマホ依存チェックの項目なの？　もう何でもアリかよ、とひっくり返りましたが、まあ、こういうシートでも、とりあえず使い道があります。項目を確認してみて、チェックが入った行為があれば「で？　これによって自分に今、弊害は起きてるっけ?」という振り返りに使えるのです。

もし、具体的な弊害が起きていなければ気にしなくてOK。弊害があれば改善すればいいんです。そのきっかけに使うには、ちょうど良いのではないでしょうか?

スマホ依存の医学的定義が定まるのは、まだしばらく先のようですから、不確かなチェックシートに振り回されないようにしましょう。

ブルーライトって眼に悪いの?

ちなみにみなさん、ブルーライトはお好きですか? あ……嫌いですか。「眼に悪いだろ、当たり前のこと聞くな」って、怒らないでください。

じゃ、今度一緒に、ブルーライト浴びに行きません? パア~っと。あ、行かない? あれ、怒ってます? なんか本気で怒られそうなので、ご説明しますね……青空! 美しいスカイブルー。あの「青」、実はブルーライトの「ブルー」なんです。

太陽から届く光の中でも、青って特に大気中で拡散しやすいんですよ。だから空は青いんです。青空の青=ブルーライトですよ。だから青空のもと、一緒に歩きませんかっていうお誘いだったんです。

みなさん、どこかしらで「スマホやパソコンのモニターから出ている〝ブルーライト〟は眼に悪い」なんていう話を聞いたことがあると思います。でも、実は一般的なスマホ・パソコンの使用時間で、ブルーライトが許容範囲を超えるダメージを眼に与えるかというと……容観的・長期的な検証データは、今のところありません。

研究機関や大学での実験で、動物の眼にブルーライトを当て続けたら瞳にダメージが発生した、他の波長の色よりも有害だ！　なんていう実験結果も出ているようですが、極端な状況下での比較実験だったりしますから、少なくとも一般的なスマホ・パソコンの使用時間で、ブルーライトだけのせいで眼が損傷するぞ、なんていう決定的なデータは、存在していません。だって、仮にもしそうだとしたら、屋外で働く業界の人たちや、屋外スポーツの愛好者は皆、青空のせいで眼を傷めているハズですからね。

もちろん、パソコンやスマホで眼を酷使するのは良くないですし、その結果、眼の疲れや老化、場合によっては眼にダメージが発生する可能性があるのは間違いありません。ですが、ブルーライトがそれほど強くないブラウン管モニターの時代だって、パソコンでの作業はかなり眼が疲れたし、作業姿勢やマウス操作など、疲労にだってさまざまな要因が存在します。それなのに……世間には、何がなんでもブルーライトが悪いっていう情報が溢れていて、ちょっと違和感を持ってしまうんですよね。

別にブルーライトに義理立てするつもりはないし、肩を持つ気もありません。もし誰かが、客観的で科学的で長期的な検証を行なって、ブルーライトの「ワル」判定がされれば、「おいテメェ、眼に悪いじゃねえかよ」って思うだけなんですが、いま「ブルーライト死ね」って書いているWebページを見ると、なぜか極端な検証データを多用していたり、なぜかブルーライト対策の商品・サプリの広告が貼られていたり……このブルーライト極悪説で〝誰が得をするのか〟って考えると、「うーん……」って思っちゃうんですよね。

就寝前なら要注意

そんなブルーライト、まだまだ科学的な検証余地があるとは思いますが、少なくとも〝寝る前のブルーライト〟が「健康」を害するというのは、ほぼスジの通った話です。「眼」じゃなくて「健康」ね。

だって、もし寝る前に青空のもとで日光浴なんかしたら、誰だって頭が冴えて、目が覚めちゃいますよね。同じように「寝る前のスマホ」も、まぶしいスマホ画面が脳を活性化させますから、そんな状態で眠りにつけば、睡眠の質が下がるのは当然なのです。だから、ブルーライトは眼に悪いじゃなくて、

寝る前のブルーライトは、睡眠の質を下げて健康に悪い

なら納得なんですよ。私なんてコレを逆手にとって、朝は寝床でスマホを手に取り、アプリを立ち上げ、ブルーライトをガンガンに浴びて、頭をスッキリさせてから起きてますよ。私、プラシーボ（思い込み）効果の効きが半端ないくらい強いんで、シャキッとしますね、すぐ目が覚めます。

ブルーライトと家庭のルール

さてこのブルーライト、実は家庭でのルール作りと、とても密接な関係にあるんです。家庭のスマホルールでよくあるのが、

我が家では〇時以降、スマホ禁止

というヤツ。このルール、たいていは「子どもがスマホで夜

更かし→翌朝に寝坊→朝ごはんも食べずにダッシュ→母ちゃん激怒」という手続きを踏んでおり、「もう！　●時以降はスマホ禁止よ！」という感じでめでたく発効されるんですが、残念ながらルールが効果をあげず失敗するケースが多いんです。

たとえばある家庭で、「もう！　我が家は夜九時以降スマホ禁止よ！」というルールが作られたとします。すると、かなりの確率でこんなことが起きます……。

ルール初日、この家庭のお子さんが、夜九時ギリギリまで大慌てでＬＩＮＥをやりまくってます。バタバタです。そして夜九時になった瞬間、「あ〜間に合った、疲れたぁ！」って言いながらマンガを読み始めましたね。結局、寝る時間が早まることはなく、母ちゃんまた激怒。でも残念ながらコレ、仕方ないんですよ。

そもそもルールが必要になる時って、何らかの弊害が起きている時ですよね。その弊害を解決するために作られるのがルールなんですが、実は失敗しないルール作りのためには、その「弊害の見極め」がもの凄く重要です。そして多くの家庭で、「弊害の見極め」でミスをしているんです。

たとえば、スマホを夜遅くまで見ていることの「弊害」は何か？　朝起きられないこと？　夜更かし？　母ちゃんの朝ごはんを食べないこと？　……全部違います（母ちゃんゴメン）。弊害はズバリ、

「健康を害すること」

です。まあ、そうですよね。極端な話、夜更かしだろうが、朝食抜きだろうが、健康であれば良いワケです。もちろんそんな変態人間はいませんが、とにかくスマホを夜遅くまで見ていることの弊害は、寝不足で「健康を害すること」。だからこの弊害に直結したルールを作らないと、問題は解決しないんです。

先ほどの「夜九時ルール」は睡眠時間の確保にまったくつながっていないんですから、失敗するのも仕方がないんですよね。シンプルに考えれば、

弊害：寝不足で健康を害する状態
対策：我が家では質の良い睡眠を△時間以上、取らなきゃダメというルール

になります。これに「ルールを◯回破ったらスマホは解約、没収」なんていうペナルティでも加えておけば完璧です。

「やり方は任せるから、ちゃんと自分の裁量で睡眠時間を確保するんだよ。もしルールを守れなかったら……わかっているよね」

こんな感じでシンプルなルールを作るんです。あんまり細かい条件は付けない方がいいですよ。なにしろ子どもは、ルールに物言いつけるのが仕事みたいなモンですから、ルールが細かければ、「このルールの、この部分のせいで失敗したんだい！」みたいな逃げ道を作ってしまいます。だから、なるべくシンプルにしましょう。

しかも「やり方は任せるから」もポイントです。裁量権を与えられているんですから、失敗しても自分のせいです。言い訳できません。誰だって、裁量権を与えられれば「挑戦してみるか」っていう気になります。そして、ココでやっとブルーライトの話。なにしろ、

我が家では〝質の良い〟睡眠を～

ですからね。質の良い睡眠！　ちゃんと「寝る前のブルーライト」の説明もして、じゃあ我が家は寝る○時間前にスマホを親に預けよう、そしたら質の良い睡眠って認めるからね、なんていう約束もしっかりして、あとは子どもに任せるんです。

もしこれで上手くいかなかったら、なぜ失敗したのかを親子でちゃんと検証して、ルールを改良していけばいいんです。軸はブレずに「弊害は何？」です。

この「弊害」にしっかり着目した家庭のルール作り、スマホやネットに限らず、いろんな場面で応用がきくので、ぜひ一度お試しください。

スマホの利用時間？

学校やPTAなんかで実施される「スマホ・ネット利用実態アンケート」では、必ずこんな質問項目がありますよね。

一日に何時間スマホを使っていますか？

もう絶対ありますね。以前、とあるネットセキュリティ企業が実施した、「スマホ利用実態調査」では、

女子高生のスマホ利用時間が、一日七時間にも達していたぁ！

なんていう調査結果がセンセーショナルに発表され、話題にもなりました。この時の調査結果については、今でも学校の先生から質問されることがあって、まあ、それだけ衝撃的だったんだと思いますが、私、スマホの利用時間について聞かれた時には、毎回必ずこうお伝えしています。

「スマホ利用時間の長時間化は自然な流れです。特に気にする必要ないですよ」

コレ、こう答えるからには、ちゃんと理由があるんですよ。

時間は増えてアタリマエ

スマホや携帯電話がなかった時代の高校生(=私)の、毎日の生活って、だいたいこんな感じでした。通学の行き帰りの電車内では、ポケットにウォークマンを突っ込み、カセットテープで音楽を聞きながら、マンガなんか読んでましたね。

家に帰ればかなりの長時間、テレビを見ていたし、友だちと家の固定電話で長電話をし過ぎて、親にブッ飛ばされたりもしていました。だからテレホンカードを持って、近所の公衆電話で続きを話しに行って、なかなか家に戻らず、やはり親にブッ飛ばされたりしていました。

もちろんゲームもやりましたね。私の時代は初代「ファミコン」や「メガドライブ」。プレステなんてまだ影も形もありませんでしたよ。ゲームをやり過ぎて、やっぱり親にブッ飛ばされていました。

今、これらの行為のほぼすべてがスマホで行われています。スマホが普及し、スマホでやれることがどんどん増えてきているんだから、スマホの利用時間が増加していくのは当たり前なんです。まずこの事実を認めないと、スマホの「適切な」利用時間について議論することができません。

別にスマホの利用時間拡大なんてどうでもイイ、と言っているワケではないんですよ。首を下に向けながらのスマホは、首の骨を痛めるなど、長時間利用による弊害は必ずあります。ですが、一番重要なのは、スマホの利用時間ではなくて、その中身なんです。私は「スマホの利用時間」調査の結果を見せられた時には、必ずこう質問します。

「これ、利用時間の内訳って確認されていますか？」

「音楽を聞いている時間は、スマホの利用時間に含まれますか？」

「スマホ学習塾の利用時間などはどう集計していますか？」

答えはほぼ「わかりません」です。

そもそもスマホ＝遊びという先入観で調査を行っているので、「利用時間の内訳はどうやって調べる？」とか「音楽って遊びに分類していいんだっけ？」という議論すらされないんですよね。

先ほど家庭のルール作りの話で取りあげた「○時以降のスマホ禁止」的なヤツ、実はアレにも切実に困っている中高生たちがいるんです。英語のヒアリングを勉強する時は、ＣＤ教材よりもスマホアプリを使ったほうが効率的だそうなんですが、「○時以降」で禁止されると使えなくなっちゃう。しかも部屋をのぞいた親から「勉強するって言ったのにスマホ触ってぇ！キーッ」と怒られてモメたり、モメたり……。

スマホでやれるコトが増えるということは、スマホの使われ方が変化するという意味でもあります。今までみたいに「何時間使ってるの？」という質問では、スマホの利用実態を正確に把握できません。だから、こんなふうに聞きませんか？

「スマホで遊んでいる時間は一日に何時間？」

一日のスマホ「総利用時間」と、スマホで「遊んでいる時間」に差があれば、自然と「え？　じゃあ、遊び以外では何に使っているの？」という疑問が浮かびますよね。そうやって質問を重ねていくことで、子どもたちがスマホをどんなふうに、どんな道具として使っているのか、初めて実態が理解できるのです。

ネットは怖い？

「いやあ、ネットって、とんでもなく怖いんですねえ」

ＰＴＡや先生方など、「大人」を対象とした講演の後で、毎回必ずいただくコメントです。そしてほとんどの皆さんが、そのまま、「じゃ、お疲れさまでした！」と言いながらクルマに乗って家に帰られます。ちょっと待ったぁ！

単純な確率、可能性の比較なんですが、ネットを使うことでリスクが発生する確率と、講演の帰り道で事故を起こす確率、はたしてどちらが高いでしょうか？

もちろんクルマですよ。

統計的にも間違いありません。しかもそのトラブルは、命に関わるような重大なモノです。どっちが怖いって言ったら、そのクルマなんですよ。

「だからネットは車より安全です」なんて言いたいワケではありません。ただ単に、ネットもクルマと同じように考えてほしい、そう思っているだけなんです。

たとえば私たちがクルマを運転する時は、無意識のうちに「事故のリスクはあるけど必要だから乗ろう」と判断しながら使っているハズです。それが道具としての本来の姿、正しいと思います。

ネットだって、クルマと同じただの道具です。当然メリットやリスクがあり、だからこそ「怖いですねぇ」で終わらせないで、それがどんなリスクで、どうやったら回避できるのか、クルマに乗る時と同じように、最低限の知識を持って使ってほしいのです。

自分はクルマには乗らないという方でも、交差点に飛び出せば危ない！　ということを知っていますよね。ネットも一緒です。ネットは使わないよ、という方でも、いやでもネット機器に触れざるをえない場面がやってきます。「よくわからないけど気をつける」は絶対に無理ですから、必要な知識を手に入れ、正しく怖がって欲しいのです。

お餅を免許制に？

「ネットでは、毎日こんなにもたくさんの問題が起きていますよね。こうなったら、もうネットは免許制にした方がいいんじゃないですか？」

大人向けの講演では、こんな質問をいただくこともあります。まわりの方々も「そうだよなあ……」という感じでうなずかれるのですが、私、そんなことちっとも思いません。だって、たとえば自転車やスキーは、一歩間違えば人の命が失われるモノですよね。トンカチやバットだって、扱いを間違えれば簡単に人命にかかわる問題が起きます。でも免許制じゃないですよね。

免許がないけど危険なものって、実は世の中にたくさんあるんです。それらに比べたら、ネットで人が亡くなってしまうケースはまだ少ないです。危険性で言ったら、お正月にお餅を食べて、のどを詰まらせるリスクの方が高いんです。

じゃあ、お餅を免許制にするかって言ったら……違いますよね。私たちは、スキーやトンカチの特性を知っています。お餅だって慌てて食べたら危ないという注意点を知って食べています。

いまネットでさまざまな問題が起きているのは、単にネットの特性や注意点を知らない人が多いからです。よく知らないまま道具を使えば、失敗するのは当たり前ですよね。だからみんなが「知ればいい」。非常に単純な話です。

スマホ適齢期って何歳？

「子どもにネットやスマホを手渡す適齢期って、何歳くらいなんですか？」

これはあるテレビ局のアナウンサーさんから聞かれた質問です。その方、二人のお子さんのお母さんでもあるんですが、ご自身がネットであまり良い思いをされておらず、自分の子どもについても、ネットやスマホを自由に使わせるタイミングはいつが良いのか……と悩んでいました。

実は私、それを聞かれた瞬間、まるで「子どもに包丁を手渡す適齢期って何歳くらいなんですか？」というのとまったく同じ質問に思えたんです。

ある有名な料理研究家の息子さんは、二歳とか三歳ごろから、親に包丁の使い方を習い、包丁を手渡され、握っていたそうです。スゴイね。私なんか、実は一八歳を過ぎるまで、包丁をほとんど触らずに生きてきました。

子どもが興味を持って、親が触らせてみようと思った時が、包丁を手渡すタイミングでしょう。「適齢期」というのは、家庭環境やその子のキャラクターによって違って当然、ご家庭で決めちゃっていいハズ。そしてこれは、包丁に限らずどんな道具でもいっしょです。

ネットやスマホも「道具」なんですから、家庭で、子どもの性格に合わせて、まわりの環境も考慮しながら、適齢期は親が決めちゃっていいんです。

よく「一度でもスマホを手渡したら、もう取り上げられないですよ。そんなことしたら大騒ぎになります」なんておっしゃる保護者の方（特に娘さんがいるパパさん）もいるのですが、じゃあ一度でも手渡した包丁は、もう二度と取り返せないのか……そんなことないですよね。

ちゃんと使い方を教えたのに、包丁を握ったまま振り返ったり、ブンブン振り回したり、指をザクザク切りまくりだったら、光の速さで取り上げるでしょう。むしろ取り上げなきゃダメです。「まだ早い」と判断されれば、渡した後でも取り上げる、当たり前ですよね。ネットやスマホも一緒です。

それでも、「一度でも手渡したら～」というのであれば、手渡す「前」に、ちゃんと約束事を決めればいいんです。このスマホは●●を守れなかった時には解約する、○○をやらかした時には取り上げる、そんな約束をしっかり交わして、必要ならばちゃんと文字で残して親子で確認、それから渡すんです。

「スマホ　子どもに渡したら　トラブル」なんていう

キーワードの組み合わせでネットを検索すれば、先人たちの失敗談がたくさん見つかりますよ。

そんな失敗事例を参考にすれば、スマホを手渡す前でもルールは作れます。

スマホ所持率のウラ

「小木曽さん、ウチの生徒のスマホ所持率は●パーセントですよ」

講演などで学校を訪問すると、先生がアンケート結果を教えてくれることがあるのですが、実はほとんどの場合、そのアンケートに意味はありません。なぜならその調査結果は、実際よりもかなり「少ない」所持率になってしまっているからです。

理由はアンケートの調査項目にあります。まず、

「iPod touch」や「アンドロイドウォークマン」


などの音楽プレイヤー。これらが調査対象に含まれているアンケートはほとんどありません。

でも、これらはネットにつながるし、アプリもダウンロードできるし、もちろんＬＩＮＥだっ

てできます。この話、保護者の方々には最近ようやく知られるようになりましたが、それでもまだ、アンケートの項目には入れてもらえていないようです。次に、

「保護者の機種変更で余ったスマホ（契約切れ状態）」

契約が切れていようが、無線LANを利用すれば通常のスマホと同様に使えます。アプリもダウンロードできます。そして多くの場合、保護者はその事実を知らないまま、子どもに手渡しているのです。当然、アンケート項目には含まれていません。

あとは家の中に転がっているタブレットですね。あれも子どもが好きなアプリを自分で勝手にダウンロードできる環境なのであれば、スマホを持っているのと同じ。タブレットについては最近アンケート項目でも見かけるようになりました。

これらの機器で「やれること」はスマホとまったく一緒、むしろ、携帯電話会社のセキュリティ機能がないのですから、普通のスマホ以上に「スマホ」でしょう。

特に「アンドロイドウォークマン」については、〝ウォークマン〟という名前から、猿がヘッドフォンをしている懐かしいCMを思い出し、気軽に購入してしまう保護者もいるようです（四〇代より上の世代の保護者はご存じのCMですよね）。子どもたちは「ウォークマンが欲しいんだよ。音楽を聴くんだよ」と表現すると、決済が通りやすいことも知っています。

私は、このようなスマホであってスマホにあらずな機器たちを「**隠れスマホ**」と呼んでいますが、子どもたちにあらためて「こういうの持ってる？」って質問すると、ビックリするくらい手が挙がるんですよね。

ある小学校では、「ウチの五・六年生のスマホ所持率は三〇パーセントですよ」という調査結果だったのに、隠れスマホを含めてみたら、結局八〇パーセントの「スマホ所持率」だったこともあります。その事実に、先生方は「……」、あ然とされていました。

野良Wi-Fi

隠れスマホは、ネットにつながる環境があって初めて「スマホ」になります。自宅はもちろん、コンビニや公共施設など、無料でネットにつながる公衆無線ＬＡＮ、公衆Wi-Fiはアチコチにありますよね。子どもたちはそういった場所を実によく把握しているんです。なにしろ携帯ゲーム機でお世話になってますから。

実は「野良Wi-Fi」なんていう言葉がありまして……。たとえばマンションの踊り場とか、個人宅の庭先とか、ナゼこんなところに？　という場所に子どもたちが集まっている時は、たいてい「回線速度が速くて、しかもパスワードがかかっていない」個人の無線ＬＡＮルーターの電波が、誰でも使えるモレモレ状態になっている時です。だから、妙な場所に謎の子ども集団がたむろしている時は、たいてい野良Wi-Fiに接続して遊んでいるんです。

重要なのは、「隠れスマホ」がインターネットにつながることや、「野良Wi-Fi」なんてモノがあるという話ではなく、大人が知らないまま、子どもたちに対し、ネットにつながる機器を手渡している状況ではないでしょうか。

まずは大人が知ることから始めましょう。

ネット被害から子どもを守る……？

地域のPTA連合会などに呼ばれて講演をする時って、たいていその集まりに「タイトル」が付けられていて、中でも一番多いのが、

「ネット被害から子どもたちを守るために！」


っていうヤツなんですが……私、こういうタイトルにとっても違和感があるんです。

まるで「ネット」という悪い何かがあって、普通に暮らしているよい子のみなさんが、その極

悪なネットの餌食になっているみたいじゃないですか。

ネットなんて、モノも言わないただの道具ですよ。何もしなければ、何もしてきません。しかも「子どものネット被害」と呼ばれている多くの事案は、その子どもが加害者であるケースが少なくないのです。ネットで悪さをやらかして、その結果、引き起こされた大騒動が本人にとんでもないダメージを与えてしまう、それを「被害」と呼んでいるだけです（ネットいじめの話は……少しあとで書きますね）。

「いやいや、ワンクリック詐欺とか、乗っ取りとか、ウイルスとか、本人が悪くないのに被害に遭うことだってあるじゃないか」

と言われるかもしれませんが、ソレ、ただの人間による犯罪ですからね。犯罪者による犯罪行為がネットを舞台に行われているだけであって、本質的にはネットとは関係ありません。この場合は、「ネットで起きている犯罪被害から子どもたちを守る」というのが的確な表現だと思います。

そういうのも全部ひっくるめて、もしPTAの集まりにタイトルを付けるとしたら、「子どもたちがネットで失敗しないために！」あたりがちょうどいいんですが、ソレじゃつまらないので、私はいつも、

「正しく怖がるインターネット」

というタイトルでやっております。

それは子どもの問題なのか

実はネットの問題って「大人が子どもをしっかり守って、指導してあげる」というとらえ方をしているうちは、絶対に何も解決しないと思っています。そもそも、ネットの世界で起きている「子どもの問題」って、たいていソックリ同じものが、大人の世界でも起きていますからね。

たとえば、動画投稿によるトラブルやLINEへの中傷書き込み。これはどこの学校でも先生を悩ましている問題です。あ……これ「子ども」の話じゃないですよ。先生方のところに持ち込まれる「親同士」のトラブルの話です。自分の子どもが映った運動会の動画を、勝手にネット

に投稿されて困ってる、とか、部活の保護者同士のＬＩＮＥバトルの仲裁、とか、先生方は「なんでオレたちが対応しなければいけないのか……」と内心うんざりしながら板挟みになっていますよ。

子どもが食事中にスマホいじってたら、「スマホ依存だあ！」って大騒ぎになるのに、大人が外食しながらスマホ触っているのなんて当たり前の風景ですし、それどころか、おひとり様でもパシャパシャ料理の写真を撮って、ＳＮＳに投稿して、ドヤってますよね。

先日、小学五年生の女の子から受けた相談は「お父さんが家でタブレットばかり見て、私の顔を見てくれない」でしたよ。

ネットは子どもの問題ではなく、「大人と子どもの問題」、みんな同じ一年生、同じスタートラインに立っているんです。「知るべきコト」「知らないコト」はまったく一緒です。

逆に「子どもの方が詳しくて、大人はついていけないですねえ……」なんて言われる先生もいますが、ネットについて本当に「知るべきコト」をちゃんと知っている子なんて皆無です。大人は、目隠ししてたらアクセルなんて踏みませんが、子どもは平気でアクセルを踏めちゃうだけ。それだけの違いです。

それはネットの問題なのか

この章の最初で触れた、「歩きスマホ」もそうですが、世の中のネットにまつわる問題って、たいていネットとは関係ないですからね。

今、歩きスマホをしている人は、スマホが無かった頃なら、新聞を読みながら歩いていたであろう人たちです。スマホの「ながら運転」で人身事故を起こすような人間は、スマホ以外でも、いずれ何らかの問題を起こしていたはずです。

「ネット○○」とか「●●スマホ」って名前を付けると、注目されるし、ページビューや視聴率も稼げるし、攻撃もしやすくなります。でもそのせいで、問題の本質が見えなくなって、解決までの道のりが遠ざかるんです。

「ネットいじめ」という表現だってまさにそうです。私はネットいじめという言葉が嫌いです。なぜなら、そのいじめはネットのせいではないからです。だって、もし仮にこの世からネットが消えたとしても、多分そのいじめは起きているでしょう？　同じ理由で「ＬＩＮＥいじめ」という言葉も嫌いです。そういう言葉が問題の本質を見えなくすると思っています。

道具の価値

私は、学校から「ネットいじめについても話をしてくれ」と依頼された時には、いつも必ずこんな話をしています。

「いじめはしていない、でも見ているだけの人に、一つだけお願いがあります。どんな方法でもいいので、匿名でもいいので、いじめられている人に、

『わたしは味方だよ』

『嫌いじゃないよ』、とコッソリ伝えてあげてください。

いじめられている子は、それだけですごく嬉しいのです。気持ちが楽になるのです。明日一日頑張れるのです」

「今はネットやSNSといった、便利な道具がたくさんあるじゃないですか。ネットはそういう使い方で、ものすごく能力を発揮するんです。道具はあります。あとは実行するだけです」

「私には、そういう人がいてくれました。当時はネットもSNSもありませんでしたから、そんな感じの紙が机に突っ込まれていたんですが、だからこそ今、こうやって皆さんにお話し

することができるのです。みなさんにも、同じようにして欲しいのです」

いじめで失われる命を、「ネット」で救えることがあります。だから「ネットいじめ」などという安易な言葉でまとめて欲しくないのです。ネットは道具、使う人間によってその価値が変わる、ただの道具です。

命を救うための優先順位

以前、ある学校での講演後の出来事でした。生徒たちが教室に戻り、後片付けをしていたら、一人の生徒さんが声をかけてきたのです。おそらくほかの生徒がいなくなるのを待っていたのでしょう。

「実は、学年の全員から……」

あとは涙で言葉が続きませんでした。自分がいじめを受けているという内容。実はこのような相談は珍しくありません。講演後の質疑は、「ネット以外でもいいよ、何を聞かれても答えるよ」と宣言してからやっているので、講演後に、こっそりいじめの相談を受けることが多いのです。そして毎回、本当に胸がつぶれる気持ちになります。

相談の内容はもちろんですが、それを見ず知らずの他人に打ち明けている生徒の気持ちを思うと、本当に辛くなるのです。

そもそもいじめの被害者の中には、「まさか自分がいじめの対象だなんて」と、その事実を受け入れないように頑張っている子が、少なくありません。「これは違う、今だけ、ちょっとだけだ」。必死にそう思い込もうとしているのです。そうまでして認めたくない事実を、見ず知らずの他人に、気持ちを振り絞って自分の口から伝えている様子が、本当に辛いのです。

ネットでの誹謗中傷、暴力、物を隠される、金銭の要求……多くの場合、いじめは犯罪行為です。

いじめ＝犯罪の被害者と加害者。

「教育現場で起きている問題を犯罪と呼ぶなんて」と思われるかもしれませんが、被害者のいる犯罪を「学校での教育問題」と捉えている間は、いつまでたってもこの問題が前に進まないと思っています。

いじめの問題を前進させるためには、この問題を分解、分類して、優先順位をつける必要があります。この問題の中身は、

①いじめる側への指導、いじめ再発防止

②いじめによる自殺の阻止

この二つに大きく分類できるでしょう。そして優先順位。優先されるべきは、言うまでもなく……圧倒的に②です。だって人の命が失われるんですから。

いじめる側にも、親の問題やその子の生活環境など、気の毒な要因があるのかもしれませんが、少なくとも、そのいじめが原因で「いじめっ子」本人が死ぬことはありません。だから、その子に対する「ケアや更生」は後回し、優先順位は低くて良いはずです。

いや、どちらも同時に取り組めて結果も出せるなら、そもそも優先順位なんてつける必要ありません。でも学校でのいじめは、私なんかが生まれる前からずっと続いているんです。これだけ年月をかけても根絶されていない問題、しかも大人の世界にだって存在する問題。これを解決するって、とんでもなく難しい挑戦だと思いませんか？　少なくとも私は、「いじめの再発防止」という言葉を軽々しく使いたくありません。

でも、学校の先生が「いじめはなくせないかもしれない」と口にすることは、おそらく世間が許さないでしょう。だから、代わりに言わせてください。

いじめはおそらく根絶できない、あるいは根絶にとんでもない時間がかかる問題です。でも、それまでに命を絶ってしまう子どもがいるのです。だからいじめ撲滅は〝後回し〟にして、何よりもまず、いじめで死を選んでしまう子どもを一人でも減らす取り組みを優先しませんか？

はじめに書いた、いじめの相談に来てくれた生徒さんは、「学年全体から～」と言っていましたが、おそらく事実ではないと思います。もちろん彼が嘘をついているわけではありません。彼は本気でそう思っているのです。いじめの被害者は、たいてい、コミュニティ内での情報が断絶された孤立状況にあります。つまり誰が味方なのかもわからないのです。そんな状況で、

「あなたは私の味方？　それとも私が嫌い？」

なんて怖くて聞けるわけないじゃないですか。だからこそ、先ほど書いたようにネットを使って、「味方だよ」というメッセージを、届けて欲しいのです。そんな道具の使い方をして欲しいのです。

命を救う道具に

保護者の方にお願いがあります。

以前、ある有名な政治家がマスコミを通じて、「いじめられている人は親に相談してください」というメッセージを発信したことがあります。私はそれを聞いて、「コイツ、何もわかってないな」と非常に腹が立ちました。

家にいる時間、家族と過ごす時間は、いじめを受けている子どもにとって、ものすごく大切な「**いじめのない空間**」なんです、本当に重要な空間なんです。だからこそ、その空間を卑劣ないじめごときに侵食されたくありません。ですから親には言いたくないのです。「なんで相談しなかったの!?」とは、聞かないであげてください。

ネットいじめという言葉は嫌いですが、ネットを使って起きるいじめは、いじめを受けている子の家の中まで入りこんで、家族と過ごす大切な時間さえも侵食します。だからネットによるいじめは許せません。

私は学校で相談を受けても、その場でアドバイスをするだけで、その後は何もできません。助けられません。「あの子はあの後、どうなったんだろう」と、気になっている子がたくさんいます。どうかネットを、いじめという犯罪の道具ではなく、いじめから命を救う道具として使ってほしい、そう願っています。

トラブルから「ネット」を引き算する

学校の先生を対象とした講演の後、ある先生からこんなご質問をいただきました。

「子ども同士がネットでケンカしたり、投稿内容で問題を起こした場合、その後、どんな指導をしたらよいのか？」

先生方は、もうホントに毎日、子どものネットトラブル対応に明け暮れています。当事者全員から話を聞き、問題投稿の削除方法を調べて……もうてんやわんやです。

そして一連の対応が落ち着いた後、今度は「さあ、コレをまたくり返させないために、子どもたちにどんな指導をしたらいいのか」という部分で悩まれている先生がたくさんいらっしゃいます。そして、質問をいただいた時の、私なりの答えはこんな感じです。

そのネットトラブルは、ネットなしでも、ほぼ間違いなく起きていたはずです。

だからまず、そのトラブル内容から、ネット要素を取り除いてください。たとえば、ネットに悪口を書いたのであれば、その悪口を教室の後ろに貼りだした、などに置き換えさせます。その作業、できれば加害者本人にやってもらうのがいいでしょう。相手が嫌がる写真をネットに載せたのなら、駅前に貼り出したなど、とにかく子どもたち自身で、ネットから現実に置き換えてもらうんです。

その上で、じゃあその「やってはいけなかった行為」をくり返さないためには、どうすればいいのか、これを本人たちに考えさせるのです。

実はネットなんて、そのトラブル全体から見ればオマケの部分でしかありません。それなのに、ネットにこだわると、「投稿ボタンを押す前にもう一度見る」とか、本質の部分じゃないところに目が行ってしまうのです。そんな振り返りでは、絶対また同じトラブルが起きるでしょう。

ネットの問題は「そもそも」や「本質」が大切です。そんな視点で眺めてみると、意外にスッキリ整理できますよ。

死語の世界

私には密かな目標があります。それは、この日本から「情報モラル」や「ネットリテラシー」という言葉を葬り去って死語にすること。

「いやいや、それはオマエが今やっている仕事そのものだろう」と思われるかもしれませんが、

実は私、そんなこと一度も思ったことないのです。

私が講演やコラムでひたすらお伝えしていることは、「**ネットの正体**」です。ネットがどんなもので、○○するとこんなことが起きて、だからどうすれば失敗しない、という単なるリクツ、ネットの構造をお話ししているだけ、ホントです。

それ以前に、ネットの世界だけの特別なモラルやリテラシーなんてないんです。

存在していないモノはお伝えしようがないんですよね。いま起きている、ネットに関するいろいろな問題や面倒ゴトは、たいてい「情報モラル」「ネットリテラシー」という特別なものがあるハズ、という〝**誤解**〟によるものが多いんです。ないモノを探しているんですから、見つかりっこありません。そんな誤解が「ネットは得体のしれないものだ」「ネットは難しい」なんていう気持ちにつながってしまうんです。

だから私は、日常とネットに違いも境目もない、元からつながっているし、分けて考えるから袋小路なんですよ、と言い続けています。

この考え方で、まず楽になるのが学校の先生。講演後に、「やっぱりそれでいいんですね、安心しました」と言っていただけるのが何よりうれしい瞬間です。そんなふうに考えてもらえれば、ネット以前の時代にあった、ただのモラル、ただのリテラシーの問題に戻せます。モラル、リテラシーなら、まさに先生方の得意分野でしょう。

「情報モラル」も「ネットリテラシー」も、今は便利なので私も使っている言葉ですが、そのうち絶滅させてやるから待ってろよ。

ネットの外でも炎上

桜前線が北上し、各地でサクラの便りが聞かれる頃になると、今年の花見はどうしようか、とソワソワされる方も多いと思います。実はこの花見の「場所取り」が原因でネット炎上が起きてしまったことがあるんです。

神奈川県横浜市、花見で有名な公園に、三月終わりのある日、突然五〇〇平方メートル（学校のプール一・五倍くらいの広さ）もの巨大なブルーシート、広場の半分を占拠するような巨大なヤツが広げられました。実にコレ、ある企業の花見の場所取りだったんですね。

これだけでも十分に非常識なんですが、そのブルーシートには、ご丁寧にその企業の社名入りの貼り紙がベタッと貼られていたんです。

三月二九日からの五日間　毎日▲時にココ使いますよ。それ以外の時間はご自由に使っていいですよ。

●●株式会社

まあ、公共の場所でナニサマだよって感じですよね。

見ればたいていの人は腹を立てるような、逆にこんなに逆なでパワーの高い文章よく書けたなっていう感じなんですが、腹を立てたうちの一人が、それを写真に撮ってネットに投稿、当たり前ですが大炎上したんです。「何だこの貼り紙は、自分たちの土地かよ」「どうして偉そうに上から目線の書き方なの？」……。

やっている行為が非常識だったことに加えて、貼り紙の文面も最悪。きっと書いた本人は、「広く場所取って申し訳ない。せめて昼間は自由に使ってください」という気持ちで書いたのだと思いますが、残念ながらズレまくりです。火に油を注ぐ結果となって、あっという間に新聞・テレビにまで取り上げられてしまいました。会社は平謝り。ブルーシートは早々に撤去されましたね。

ネット炎上は、ネットを使っていない時でも、ネットを使っていない人でも起こせてしまうのです。もう今は、誰でも、いつでも、どこでもネットにつながり、写真も動画も撮れる時代です。炎上するような非常識なふるまいをすれば、あっという間に世の中に広まってしまうワケです。

でもそれを「世知辛い世の中だなあ」なんて嘆く必要はありません。

そもそも、世の中に叱られるような非常識なふるまいをやらなければいいんだし、ほとんどの人は、もとからそんなコトやりませんからね。

企業にとっては、一層の危機管理能力が求められる時代だともいえます。

総務や広報の本音としては、社員のそんなところまで面倒見なければならないのか、というのが正直なところでしょうが、ま、仕方がないですね。ネットと現実、ネットと日常生活は「つながっている、同じもの」だということが、物凄くわかるエピソードです。

子どもの顔写真

中学や高校での話です。

先生が教室の生徒たちを見て「おや、今日はやたらとマスクをしている生徒が多いなあ……」と感じたら……その理由、クラスで風邪が流行っているから、とは限りません。勘のいい先生なら真っ先に思うのが、「**今、このクラスの誰かが、教室の様子をネットに生中継しているかも！**」だそうです。事情を知っている子たちが、動画に顔が映り込まないようにマスクしてるんですね。

他にも、先生が顔を真っ赤にして怒っている様子を動画撮影、印象的な場面だけを残して編集し、ネットに投稿。すると「あの先生の怒り方はひどい！」なんていうクレーム電話が学校に入って発覚、なんていうエピソードもあります。そんな動画の舞台も、やはりマスク率がやたらと高い教室だそうです。

教室からのネット中継なんてケシカランのですが、ちゃっかり自分たちの顔は隠そうとしているあたり、ネット世代の子どもだなあって思います。では、もっと若い世代、小さなお子さんの「顔写真」についてはどうでしょうか？

ＳＮＳに投稿されているお子さんの写真に、顔が隠れるようなスタンプが押されていること、多いですよね。投稿された写真がきっかけになって、犯罪に巻き込まれたら……そんな心配から「子どもの顔を隠す」。いつの間にか当たり前になった行為ですが、コレ掘り下げていくと、結構いろんな話が見えてくるのです。

まず、子どもを狙う変質者について。ネットに投稿した顔写真がきっかけで、変質者による事件に巻き込まれる「可能性」について考えてみます。

単純に確率の比較なんですが、ネットの顔写真投稿がきっかけで、変質者を招き寄せる確率と、親子で公園に遊びに行って事件に巻き込まれる確率とでは……、圧倒的に「公園」のリスクが高いです。もし変質者リスクに備え「顔写真はスタンプで隠す」のであれば、公園に出かける時もマスクで顔を隠さなきゃ、という話になります。

もちろん少しでも可能性があれば、心配になるのは、親として当然です。ご家庭それぞれのご判断ですし、実際、ネットにとても詳しい人ほど稀なリスク事例を知っているので、私のまわりでも「子どもがひとりで出掛けるようになるまでは」とお子さんの顔を隠している方がいます。

ただ、あまりにも心配し過ぎたり、悩み過ぎて辛くなっている保護者さんもいるので、基本、顔写真投稿は日常生活よりは変質者リスクが低い、という事実は判断材料の一つにして良いと思います。

実際、年頃の娘さんが顔写真をネットに投稿することの方が、はるかに犯罪被害リスクが高いのです。でも、そんな投稿のせいで事件が頻発している状況は現状なく、またお子さんの顔写真がきっかけとなった変質者事件が増加しているという事実もないので、変質者被害という観点では、まだそこまで神経質にならなくて大丈夫だと思いますよ。ただし、これはあくまで「変質者」に限った話です。

実はもっと現実的な視点で見ると、保護者がどのようなリスクを抱えているか、という点が重要になってくるんです。「保護者」に対する恨み・妬みの矛先が、子どもに向かう可能性があるということですね。

著名な経営者やタレントはもちろん、有名な幼稚園・小学校に通う保護者の方々も、不条理な恨み・妬みのリスクを意識して、早い段階から子どもの顔写真をネットに投稿しなくなる傾向にあるようです。

また意外に多いのが「夫婦間」での誘拐リスク。

ＤＶなどで夫から逃げている母子《おやこ》が、子どもの写真をネットに投稿すれば、夫から見つかる可能性が上がりますよね。もちろん、そんな投稿をする母子はいないのですが、ママ友が不用意に投稿した「子どもたち」の写真が、そんな母子に想定外のリスクを発生させることがあるんです。

私も、訪問した温泉街の学校から「今日は写真を撮らないでください。実は事情のあるお子さんがいるんです」と耳打ちされることがあります。テレビや新聞、ネットニュースなどの取材も同じようなリスクになりえます。

このように、家庭環境や保護者の考えで「どこまで気にするか」が大きく変わってくるのが子どもの顔写真投稿なんです。

まあ、二歳くらいまではみんなカワイイ赤ちゃん顔ですから、個性がはっきりしてくる三歳あたりで、必要と思われる場合は、公開範囲の限定・顔へのスタンプなど、ご家庭それぞれで基準を持たれると良いのではないでしょうか？

もちろん、「気にしない」というのもアリです。そういう方も大勢いらっしゃいます。でもそれは、あくまで「我が子」まで。一緒に写っている友だちの顔写真には十分配慮して、相手の保護者さんの意向を優先しましょう。ネット投稿は、よその家庭への気配りが大切です。

意外と知らない肖像権

大相撲のテレビ中継って、客席のお客さんたちの顔がはっきりわかる状態で放送してますよね。他にも、ニュース番組などで「猛暑日に汗を拭きながら歩く人」や「台風に飛ばされそうな人」、「丸の内の朝の出勤風景」なんかも、みーんな顔がはっきりわかる状態で放送されています。

実はこのような場合、「肖像権」って保護されません。

というか、実は「肖像権」っていう法的な定義はないんです。憲法が定める「人権」の解釈の一つとして、民事的な一般名称として広まっているのが「肖像権」という考え方。法律の専門家でも、人によって解釈が違ったり、グレーゾーンみたいなものが存在している、それが「肖像権」

なんです。

たとえば、公共の場所やイベント会場、観光スポットなど「誰かに撮影されることが予想できる」ような場所での顔の映り込みで、肖像権が認められるケースはほぼありません。「相撲を見に行けば、中継されるのは当たり前でしょ、猛暑日、台風、そんな日に外を歩いてれば、撮影されるに決まってるじゃん」という感じですね。

「朝の出勤風景」も、テレビの世界で「雑観」と呼ばれる風景の〝一部〟という扱いで、法的な権利の対象外という考え方です。意外ですよね。

最近のテレビではバラエティー番組などで通行人にモザイクを入れているケースが増えてきましたが、あれは「後からクレームを言われるリスク」を避けるためであって、念のためなんです。そしてもちろん、これはテレビの世界だけの話ではありません。私たちが観光地で撮影した写真に、偶然、誰かが写り込んでしまった程度なら、ネットに投稿する際、わざわざモザイクなどを入れて消さなくても大丈夫です。

なんだ、肖像権ってそんな程度なのか、なんて思われるかもしれませんが、これはあくまで「公共の場所」などで「たまたま」写り込んだ時だけです。ワンショットの写真は〝たまたま〟じゃありませんし、本人が「恥ずかしい！」と思うような場所であれば、その写真が本人に不利益を与える可能性もあるからダメです。

たとえば私が、女子高生のコスプレをして、商店街を歩いていたとします。完全に変態です。そして誰かが、たまたまその商店街を撮影した際に、偶然コスプレの私が写りこんでしまったら、それは仕方がないことなのです。

でも「あ！　変態だ、変態がいるよ！」と追いかけ回し、その姿を撮影した場合は、「勝手に撮ってんじゃないわよ」と私は言ってよいのです。完全に変態です。

テレビだって、たとえばいかがわしい繁華街にいる人の姿をアップで撮影することは、本人の不利益につながる可能性もありますから、そんな判断からモザイクを入れているようです。

一般的に、私たちがネットに投稿する写真は、肖像権に配慮しなければならないケースが多いハズです。もし、法的に問題がない場合でも、本人が嫌がるものには配慮する、そんな気のまわし方が重要です。

本人が投稿を許したら？

ある小学校で、先生からこんな相談をいただきました。

日頃から、「他人が写っている写真は、本人の許可なしでネットに載せてはいけないよ。たとえ親しい友だちでもダメだからね」と言っています。

先日もある児童が、同級生の写真をネットに載せていたので注意しました。すると「本人の許可を取っているから」と言われてしまったんです。

実際、その本人から許可を得て投稿していました。脅して無理に承諾を取る、などの問題行動もなかったのです。

でも釈然とせず……この時、どう答えるのが適切だったんでしょう。

たしかに、本人の承諾を得ている画像ならば、ネットに投稿しても問題ないという理屈になりますよね。ただしコレ、大人同士であればの話なんです。その写真がネットに投稿される意味をしっかり理解し、投稿後にどんなリスクが発生するのか、大人の経験と視点から許可を出しているのなら、まあいいでしょう。

ですが、言うまでもなく子どもたちの視野はまだ浅く狭いでしょう。これまでの人生経験や、現在持っている知識から見えているリスクだって限られます。将来に渡ってのリスクまで見通せるかと言えば、それはさすがに無理ですよね。だから、そんな場面ではこのようにアドバイスするのはいかがでしょう?

子ども同士の許可じゃダメだよ、その写真を載せることによってどんな危険が起きるか、今後の将来も含めて幅広く考えた上で、相手が許可を出していると思う？

それができるようになるのは、もっと大人になってからでしょ。

もし、相手の「保護者」に確認して、ちゃんとＯＫをもらえているのであれば、先生は何も言わないけどね。

大人同士、保護者同士でも「勝手な写真投稿」のトラブルは頻発しています。しかも大人の場合は、投稿者本人が「発言力の強いキャラクター」だったりして、言いづらいケースが多いんです。子どもたちがちゃんと保護者に相談するようになれば、保護者の投稿マナーもアップするかもしれませんね。

個人情報、なぜダメ？

中学や高校の先生からは、こんなご相談をいただくこともあります。

生徒がツイッターに、学校名や自分の氏名などの個人情報を書き込むケースが後を絶ちません。県教委のネットパトロールから指摘が入り、生徒本人にも注意するんですが、その時「何でダメなんですか?」って聞かれたら、どう説明したらいいんでしょうか?

先日は生徒の保護者からも「先生、何でダメなんですか?」って聞かれてしまいました。

以前だったら、保護者も「個人情報を書くなんてとんでもない!」という反応が当然だったのですが、ここ数年のSNS普及により、保護者の意識もかなり変化しました。これはフェイスブックによるところが大きいんです。

なにしろフェイスブックは本名が前提、ニックネームで登録している人なんて「ちょっと変わり者」くらいの扱いでしょう。そんなフェイスブックに慣れた結果、ネットに個人情報を載せることに対するハードルもかなり下がったんですね。

はっきり言って、自分の名前や属性(勤務先など)を載せた程度なら、それによって問題が起きる可能性は極めて低いです。その程度の情報なら、日常生活でも漏れ出していますし、ネットでトラブルでも起こさなければ、それらの個人情報がリスクにつながる可能性は低いでしょう。

ただしこれも、「大人であれば」の話なんです。

大人がSNSでつながっている相手って、たいていは大人ですよね。だから、もしネット上

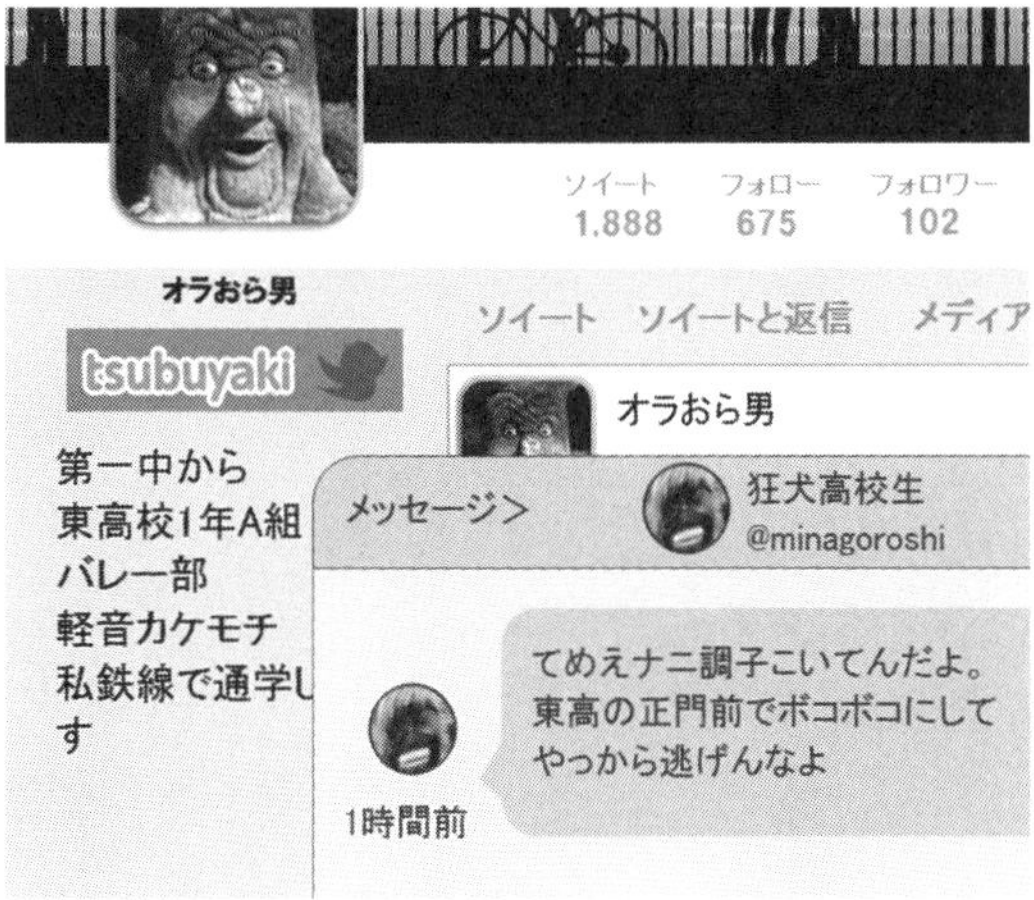

でちょっとした〝言い争い〟になっても、その場で収まるケースがほとんどです。威勢の良い「今から行くからな」とか「殺してやる」なんていう、幼いやり取りに発展するケースは極めて稀でしょう。そんなのヘタしたら刑事事件ですからね。マトモな大人なら、リスクのある書き込み、ブッ飛んだ行動を起こす可能性は低いのです。

ですが、子どもがSNSでつながっている相手は、当たり前ですが「子ども」。大人と同じような常識的なリスク判断はできません。実は、私のもとに寄せられる「中学・高校の男子生徒」からの相談で、二番目に多いのが、

ツイッター上で知らない相手と言い争いになって、「明日、オマエの学校に行くからな！　ボコボコにしてやる」と言われてしまった。自分の学校名と名前を書きこんでいたので、こちらの身元がバレている。どうしよう！

という、まあ、いかにも年頃の男子っぽい内容なんです。

たいてい何も起きませんし、誰も来ませんが、書かれた

本人は心配で夜も眠れない、なんていう状況になっています（ちなみに一番多い相談内容は、エッチなページを見ていたらお金を払えというメッセージが出たぁ、という、アホ男子な内容です）。

子どもだって、名前や学校名くらいの「ホドホドの個人情報」であれば、まあ……大丈夫かな、とは思いますし、慌ててすべてを削除させるほどでもないとは思いますが、「今から行くぞ」的な子ども独自のリスクがあることは、あらかじめ伝えておいた方がいいですね。「それでも書くんだったら、下らないモメ事を起こすんじゃないぞ」って。特に男子には。

知らない人から申請がきたら……？

子どもたちが意外に悩んでいるのが、

ＬＩＮＥ・ツイッターなどで、まったく知らない人から友だち申請をもらったり、話しかけられたりしたら、どうしたら良いのか？

というヤツ。「そんなの無視すればいいじゃん」と答えると、「だって、もしかしたら知り合いかもしれないし……それに断ったらなんか悪い」という謎の気遣い。子どもって、妙な部分で

気遣いするんですよね。

そんな時はもう、そのまま現実世界に置き換えてみればいいんです。たとえば駅前で、まったく知らない人が近づいてきて、ノリノリで話しかけてきたとしたら?

「やあ！　君イケてるね、友達になろうぜ、シクヨロ!!」

うーん……これはヤバい。普通、ダッシュで逃げますよね。ネットでいきなり「友達になろうよ」っていうのはコレと同じです。そんな人に気をつかう必要はありません。ましてや、その人がイイ年した大人だったらもう論外。中高生に「友達になろうよ」なんて本気で言ってくる大人は、たいてい変態か、犯罪者か、変態の犯罪者のどれかです。

「ネットの友だち」に会えない理由

とは言いつつも、すでに大人も子どもも「ネットの中だけの友だち」「会ったことのない知り合い」が、当たり前になりつつあります。そもそもSNSの機能が「人と人とを結びつける」ですから、これだけSNSが普及すれば、まあ自然なことなのかもしれません。

ある時、中学生の女の子に「ネットで知り合った人には、会ってはいけないんですか？」と聞かれたことがあります。コレ、数年前なら問答無用で「ダメ！」で終わっていたんですが、最近は、もうちょっと丁寧な説明が必要だな、と感じています。

なにしろ私、講演では「ネットと現実は一緒、区別しちゃダメ」と言っているワケですよ。誰かと知り合うことは、日常生活の中では当たり前のことですし、新しい人間関係の中で、色々なことを学んでいくのも、人生では大事なことです。

それなのに「人と知り合う」という部分だけ切り取って特別扱いして「ダメ！」じゃ、矛盾しちゃうじゃないですか。実際、大人の日々の生活の中では、ネットで知り合った初対面の人と会って、一緒に仕事するなんてことが、もう当たり前の時代です。ですので、さきほどの中学生女子からの質問には、こんなふうに答えました。

「生きていく中で、誰かと知り合うのは自然なことです。それは、日常でもネットでも同じこと。だからいつの日か、中学生がネットで知り合った人と実際に会う、というのが当たり前の時代になるかもしれません。でも今はまだその時代じゃないんです。その理由は、実生活で知り合った人と遊びに行って、その結果、殺されてしまう確率より、ネットで知り合った人に会いに行って、その結果、殺されてしまう確率の方が、今はまだ高いから。殺されるかもしれないけど「会いたい」人なんて、いないでしょ？　だから、ネットで知り合った人と会うのは、まだ危険な時代なんです」

これは単純に確率の比較です。「殺される」は過激な表現かもしれませんが、事件に巻き込まれるという意味では、確実にそう言い切れると思います。いつの日か、「ネットの知り合い」と「現実の知り合い」をまったく区別しない時代がやって来ると思いますが、その時代、まだ来てないんですよ。そう遠くない将来、それがどんな形でやってくるのか、しっかり見届けたいと思っています。

架空請求サギ

ある年の年末、やたらと子どもからの「架空請求サギ」相談が続いたことがありました。おかしいなと思って詳しく聞いてみたところ……どう考えても、オマエそれ「子ども」の「お年玉」狙ってんだろ、としか思えないような事態が起きていたんです。

そもそも、架空請求の典型的なパターンはこんな感じです。メールやチャット、ショートメッセージなどで、ある日突然、

「○○料金管理センターです。あなた、エロいサービスの未払いがありますね。払わないとマズいことになるから、連絡ちょうだい」

的なニセの警告文が届きます。もちろんコレ、手当たり次第に送っているんです。ひと昔まえはハガキでしたけど（誰にも教えていないメールアドレスに架空請求が届く理由については、次で詳しく説明しますね）。

こんなモノ、当然無視してOKなんですが、最近は無視されまくっているようで、手口が変わってきました。いきなり警告文、ではなく、女性がチャットアプリなどで「お友だちになりませんか？」なんて感じでシレっと話しかけてきて、

「ここに私の動画があるの、登録だけすれば無料で見られるよ」

などの誘い文句で詐欺サイトに誘導されるんです。サイトを開いた瞬間に「毎度どうも！年間パスポート四一万円、お買い上げありがとうございます」的なメッセージが表示され、ご

解約希望の方はお電話ください、メールください……という書くのもバカバカしいくらいの手口なんですが……。

身に覚えのない請求であれば、これも無視でＯＫ。間違っても電話やメールをしてはいけません。「コイツは詐欺メールに反応して連絡してくる、上質のカモだ！」と、電話番号やメールアドレスが「カモリスト」に載ってしまい、別の業者にも横流しされ、詐欺集団からの攻撃が止まらなくなります。

架空請求サギに遭遇したら、やることはただ一つ。「ちょっ、まだこんな古いサギやってんの？　ウッヒョー！　無能だねえ～ブヒャヒャヒャヒャ！」と大爆笑してから、そっと閉じてあげてください。

子どもにまで……

そしてこの手のサギが、やっぱり大人に無視されるようになって、その結果、ターゲットが子どもにまで及んできたようなのです。何とも信じがたいような話ですが、たいていカモにされるのは中高生の男子、愛しきアホ男子。

途中までは普通の架空請求サギと一緒です。女性からのメッセージ↓ウハウハ誘いに乗ってサイトをひらいたら「毎度あり～」がバーンと表示→慌てて連絡しちゃう、という流れ。

ですが、今までは、もしそこで連絡してしまっても、相手が中高生だとわかった途端に「もう二度と連絡してくるな」で終わることが多かったんです。なにしろ、そんなにお金持っていないし、法律的にも未成年の行為は保護されることが多いので、通常は架空請求サギのターゲットになりにくいんですよ。でも年末のサギは酷かった……。

電話に出た担当者がメチャクチャ親身になって「未成年なんだぁ……じゃあ値引きしてあげられるかも……上司に相談してみるよ。ちょっと待ってて!!」と男気溢れるアニキっぷりで上司と交渉、二転三転の末、

「やったぁ! 一月から毎月一万円ずつ一〇回払いでOKだって。しかも一月中にまとめて払えば八万円に値引きしてくれるみたいだョ」

「やったぁ!」とか言ってんじゃないよ。八万円って中高生がお年玉でギリギリ払えそうな金額だろうが……。やっていることは劇場型のオレオレと変わりません。オマエら子ども相手に恥ずかしくないのか。とにかく、この種のサギは一切無視、反応しないでOKです。

迷惑メールが届くワケ

「○○というサービスに登録したら迷惑メールが増えた気がする」という方からご相談をいただくことがあります。「自分のアドレスが流出しているのでは!?」と心配される気持ちもわかりますが、実はほとんどの場合、迷惑メールは別の理由で届いています。

まずは迷惑メールが届くカラクリについて確認しましょう。

一〇年ほど前までは、メールアドレスって今よりも「価値のある情報」でした。いろんな方法で大量のメールアドレスを集めて、リストにして売る輩や、それを買う業者なんかもいました。企業からメールアドレスがごっそり盗まれる事件もよく起きていたほどです。

でも最近は、あまりメールが使われなくなりましたよね。メール以外の連絡手段が増え、メールをまったく使わないよ、という人も珍しくありません。つまり、昔は苦労までして集めていたのに、今では「それほど価値のない情報」になってしまったもの、それがメールアドレスなんです。

だから、自分のアドレスが流出したのでは？　という心配、実はそれほど気にしなくても大丈夫です（もちろん、二流三流の時代遅れ業者は、今でもメールアドレスを集めているかもしれませんから、これまで通りメールアドレスの扱いには注意が必要です）。では、誰も知らない自分のメールアドレスに、迷惑メールが届く理由はいったい……？

実はもう、メールアドレスはボタン一つで「作る」時代です。

迷惑メール業者は、パソコンと専用のソフトを使って、大量のメールアドレスを一瞬で作り出します。もちろん、でき上がるのは適当に作った、当てずっぽうのメールアドレスです。それに迷惑メール本文がくっつけられて、大量に送信されるんです。

当然、そのほとんどはエラーで戻ってくるでしょう。それでも何十万、何百万と送信しているワケですよ。すると、ごく僅かですが「エラーで戻ってこなかったメール」が発生します。これが迷惑メール業者から見た「アタリ！」。つまり「実在するメールアドレス」になるわけです。誰にも知らせていないメールアドレスに迷惑メールが着信する理由には、こんなカラクリがあったんですな。

その後、「アタリ」メールアドレスだけがリスト化されて、別の迷惑メール業者に売られます。だから迷惑メールが一通でも着信すると、そのあとドシドシ届くようになるんです。

「携帯電話会社から最初にもらう、絶対に誰も思いつかないような〝ks5n#yt4hv〟みたいなアドレスにも、迷惑メールが届いたんだけど……」といったケースもほぼ同じ理由です。携帯電話会社だって、その適当な文字の羅列は、専用のソフトウエアを使って作り出すワケですよ。迷惑メール業者が、同じ構造のソフトを使ってアドレスを作れば、いつかは「絶対に誰も思いつかないような」同じアドレスも作れてしまうでしょう。本当にウンザリしてしまうような話なんです……。ちなみに、私がこれまでに受信した迷惑メールの中で、一番気に入っているのは、

件名：だんだん見えてきたわ　　差出人：占い師　細木〇子

届く度に毎回、爆笑してから削除していました。

迷惑メールの対処法

さて、そんな迷惑メールの対処法ですが、まずは携帯電話会社が提供する「迷惑メールの自動除去フィルター」です。ここ数年でかなり性能が強化されましたので、まずはこれをＯＮに。これだけでも、迷惑メールがずいぶん減るはずです。ですが、それでも完全に撃退するのは難しく、結局ズルズルと迷惑メールが届くんですよね、腹立たしい。

そこで登場するのが、グーグルの「Ｇメール」。最近すっかりお馴染みになりましたが、Ｇメールの迷惑メール除去フィルターってもの凄く強力なんです。怪しいメールは片っ端からブッ飛

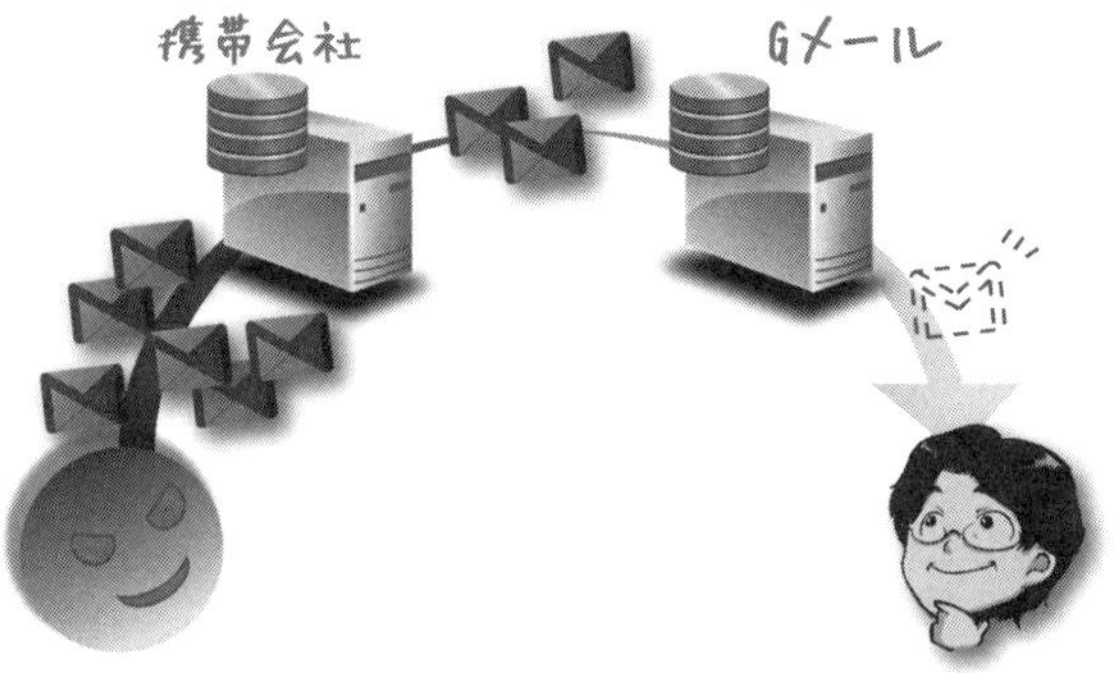

ばしてくれますよ。迷惑メールゼロを目指すなら、Gメールのフィルターを活用しましょう。

まず、携帯に着信するメールをすべてGメールに転送するよう設定します（設定方法は携帯電話会社に問い合わせてください）。Gメールに転送された瞬間に、しつこかった残りの迷惑メールも瞬殺です。ざまあみたまえ。

そしてこの設定をした後からは、メールのやりとり自体もGメールで行います。「え、これまで使っていたアドレスが変わっちゃうの？」って心配されるかもしれませんが大丈夫。Gメールでもこれまで通りの携帯メアドを使い続ける方法があります。

Gメールで送信、返信する時に表示する送信元アドレス（自分のアドレス）を、携帯電話会社のアドレスに変更するんです。そうすれば、自分の知り合いに「メアドが変わった」と連絡する必要もなく、これまで通りメールのやり取りを続けることができます。細かいやり方は省きますが、「Gメール　送信元　変更」なんていうキーワードで検索すれば、ていねいに説明してくれているページがたくさん見つかります。

Gメールのフィルターは強力過ぎて、ちゃんとしたメールまで除去されちゃうことがあるくらいなので、もし届かないメールがある時は、「迷惑メールフォルダ」をのぞいて確認してみてください。

これでしつこい迷惑メールの残党もすっかり撃退できるでしょう。

拡散希望

迷惑メールとはちょっと違いますが、メールやSNSでよく見かけるメッセージの一つに、「拡散希望」というヤツがありますよね。

たいてい「こんなとんでもない問題が起きている！」とか「○○を救って！」「至急○○を」というような内容で、「自分も役に立ちたい」という感情に訴えて、転送ボタンを押させようとするモノが多いようです。

もちろんその中には、本当に助けを必要としており、緊急度の高い情報が含まれていることもあります。ですが残念なことに、ほとんどは拡散そのものを目的とした悪質なデマ、虚偽の内容です。実際、東日本大震災の時には、自衛隊の活動内容に関するデマが拡散し、自衛隊へのクレームが殺到しました。ヘタしたらそれ、災害救助活動の妨げにつながる行為ですよ、冗談では済まされません。

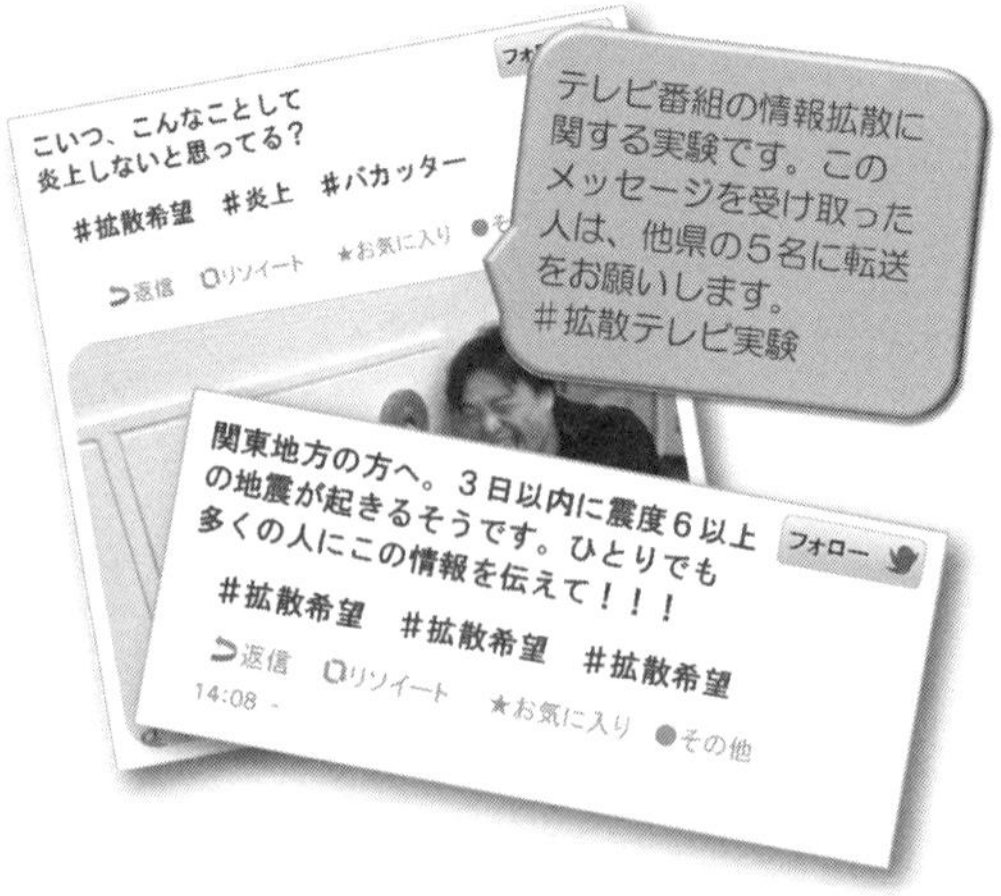

タチが悪いことに、これらの「拡散希望」はほぼ〝善意〟によって拡散されていきます。でも……ちょっと考えてみてください。もしその情報が間違っていたり、拡散の結果、誰かに損害や損失を与えていたとしたら？

ただ「拡散させただけ」「転送ボタンを押しただけ」でも、法的な責任を問われる可能性があるんです。情報の発信には、たとえそれがどんなスタイルでも、責任が伴うということなんですね。

私は、拡散希望という言葉が本当に嫌いです。その言葉には情報に対する「自分の責任」が感じられないからです。もっと言ってしまえば、思考が停止した状態で情報を垂れ流している行為、それが「拡散希望」です。そんなもの好きなワケがありません。だからもし、「この情報は大勢に知らせる必要がある」と思った時には、

その情報は、誰が発信したものなのか、その情報は事実と言えるか

を自分で「確認」「判断」、そして、自分の言葉で「発信」して欲しいのです。情報元や有効期限（○○を募集している、などの場合）も書き添えておけば完璧です。そんなの面倒だなあ、と思うのであれば、そもそも拡散なんてやめときましょう。

情報は「事実」ではない

厳密に言えば、情報を「本当」とか「事実」「真実」などの言葉で表現するのは難しいと思っています。だってその情報って、必ず誰かの手によって作られているじゃないですか。目の前で起きた事実をどう認識するのかは人それぞれ。その人の気持ちや意見がイヤでも込められてしまうモノ、それが情報です。

街のウワサ話からニュース報道、はては国家間の歴史論争まで、すべては情報を「本当だ」「真実だ」ととらえるから、モメたり、訴訟になったり、戦争になったりするんです。歴史論争だって、正しくは歴史「認識」論争ですよ。これ以上は私の玄関に貼りたくないので書きませんけど。

インターネットの時代になって、誰でもが平等に「情報」を扱えるようになりました。そして多くの人たちが、「情報」と「事実」を区別しないまま、どっちも同じものだと思いながら使っています。インターネットは「情報」の塊ですが、あくまで「情報」であって、そこには誰かの気持ちが必ず込められているモノ。そして「事実」は……どこかに転がっているモノではなく、自分で見極めるモノです。

実は、SNSへの書き込みでも、メディア報道でも、その情報を客観的に眺めることのできる、便利なやり方があります。その情報によって「誰が得をするのか」「誰が損をするのか」をじっくり想像してみるんです。

すると、その情報の出どころ、成り立ちが想像しやすくなります。単なるウワサ話から一面トップまで、どんな情報にも必ず、何らかの「目的」が見つかるハズです。

ちなみにコレ、陰謀論とか、そういうクダラナイ話じゃないですよ。交通事故を伝えるニュースにだって、それを伝える「目的」がいくつも思いつきますよね。すべての情報には、そういった背景があるという意味です。

そんな「事実」の反対は、「ウソ」や「間違い」。世の中にはウソ、間違いがたくさんありますし、それはネットの中も一緒です。なにしろ日常とネットはつながっている同じモノですからね。

そして、ネットにあるたくさんのウソの中でも、特にタチの悪いのが「アプリ」のウソです。

スマホにもセキュリティソフトを

「日本人ミュージシャンの曲が、何でも無料でダウンロードＯＫ？　新作映画も全部ＯＫ？　やったぜ！　このアプリ最高」

……ああ、それは最高です、最高にヤバいです。ほぼ間違いなく「何か」仕込んでありま す。

そもそも、そんなアプリは法律的にもアウトです。法を犯してまで、そんなアプリ作ってダウンロードさせたい理由はただ一つ。あなたのスマホの中にある色々な情報、たとえばアカウントやパスワード、クレジットカード情報、はてはスマホの乗っ取り権限なんかを、すべて頂戴したいからでしょう。アプリの中に、何か仕掛けが埋め込まれてるハズです。当然ですが、違法なアプリはダウンロードしない、必ずウラがありますからね。

でも、そんな明らかに違法なアプリだったらまだマシですよ。ダウンロードしなければいいんですから。もっと怖いのは、見た目は誰もが知っている有名アプリ、みんなが使ってるあのアプリ。でも実は……真っ赤なニセモノ、ソックリさんというヤツです。

これまでにも、大手ピザチェーンの注文アプリ、ドラッグストアの通販アプリ、有名なチャットアプリなど、本物とまったく見分けがつかない「偽アプリ」が見つかっています。タチの悪いことに、コレちゃんと動くんですよ。なにしろ本物をそのままコピーしているから、本物と同じように動き、ピザが届く。そして、打ち込んだ個人情報やクレジットカード情報がゴッソリ盗まれる……怖っ。

その他にも、スマホがまるごと乗っ取られたり、勝手にロックかけて「解除して欲しかったらお金を払え」なんて脅してくるアプリもあります。ネット世界の犯罪者って、人のパソコンやらスマホやらを乗っ取るのが大好きですからね。

そのようなアプリをうっかりインストールしないためには、まずは信用のおけるアプリストアで、作成者をしっかり確認しながらダウンロードすることが重要です。不要なアクセス許可(節電アプリなのに、アドレス帳の情報を求めてきたり、とか)をたくさん要求してくるアプリも要注意です。

ですが残念ながら、どこまで注意しても「絶対安全」にはなりません。よく「問題のあるアプリの見分け方は?」なんていう質問もいただくんですが、まあ見分けることは難しいでしょう。素人が見てわかるようなら誰も騙されません。だって相手はソレでご飯食べてるプロの犯罪者ですからね。個人で対抗するにも限界があります。

じゃあどうすればいいのか……。たとえばそれがパソコンの話だったら、誰もがセキュリティソフトを入れますよね(ちなみにセキュリティソフトを入れていないパソコンは、ただネットにつないだだけで、一時間もしないでウイルスに感染することがあります。試さないでくださいね)。家庭や職場のパソコンにはセキュリティソフトを入れるのに、同じネット機器であるスマホには、セキュリティソフトを入れていない人が多いんですが、コレほんとうに危険ですよ。

なにしろスマホは、パソコン並みの性能でいつでも電源ON、さらにネットにもつながりっぱなしです。最近はもう、パソコンよりもスマホを乗っ取ったほうが、犯罪者にとっては効率的なんです。しかもセキュリティソフトが入っていないとなれば、狙わないワケがありません。

問題のあるアプリをインストールしてしまい、スマホが乗っ取られ、知らない間にネット犯罪の踏み台に使われたり、個人情報、カード情報が抜き取られたりしないように、スマホにもセキュリティソフトを入れてください。

実はセキュリティソフトが、問題のあるアプリのインストールを「これヤバいよ！」と止めてくれることがあるんです。というか、むしろこの機能がセキュリティソフトの一番重要な機能です。

お手軽なのが、携帯電話会社のセキュリティサービスに申し込む方法。

大手三社の場合は、携帯から157などに電話すれば、たいていその会社のコールセンターにつながりますから、「いま自分がセキュリティサービスを受けているのか、受けていないのであればどうやって申し込むのか、料金は？」などを相談してみてください。

あとは量販店に山積みになっているスマホ用のセキュリティソフト。パソコンの世界でも名前を聞いたことがあるような有名なソフトであれば、使いやすくてお勧めです。

実は無料のセキュリティソフトもたくさんあって、性能が良いヤツも多いんですが、説明が英語だったり、気がついたらサービスが停止していたりする場合もあるので、できれば有料で、お金を払っている間は確実にサービスが受けられるものがおススメです。

あと、忘れがちなのがタブレットや音楽プレイヤー。これらの機器にもセキュリティソフトが必要です。だって、機能も性能もスマホと一緒、ネットにもつながっている機器なんだから、当然です。


万が一、問題のあるアプリをインストールしてしまった場合は、しっかりアンインストール（完全削除）してください。よくホーム画面から消しただけで「アンインストール完了」と勘違いしている方がいますが、それ、見えなくなっているだけです。

ちゃんと方法を確認して完全にアンインストールしてください。その後、セキュリティソフトで、スマホが安全な状態になったかチェック（スキャン）もしておきましょう。

フィルタリングとは

よく保護者の方から「子どもの携帯は、フィルタリングソフトを入れておけば、それだけで安全なんですか?」なんていう質問をいただくんですが、セキュリティソフトとフィルタリングソフトはまったく違う、別モノです。

セキュリティソフトが、クルマの「衝突防止装置」だとしたら、フィルタリングソフトは「カーナビ」みたいなもんでしょう。

セキュリティソフトは、ウイルスが埋め込まれたアプリやページなどの「障害物」に近づいた時、それらに「衝突」しないよう、ちゃんと警告を発してブレーキをかけてくれます。一方フィルタリングソフトは、

「あの角を曲がるとエロい写真がいっぱいだよ。だから直進するね。
その先の通りは、薬物の売人がウヨウヨいるから右に曲がりますよ。
あのお店のアプリは○歳以上じゃないと使えないから、もう帰ろうぜ」

という「特定のリスク」を避けて誘導してくれるカーナビなんです。

たとえばお子さんが、クルマに乗って一人でドライブに出掛けたとします。行先はカーナビ

（フィルタリングソフト）があるから大丈夫。危険な街に出掛けたりもしません。でも、治安のよい街をただ普通に走っているだけでも、衝突事故、交通事故は起こりますよね。だから、衝突安全装置（セキュリティソフト）も必要です。このように、セキュリティソフトとフィルタリングソフトはまったく違うモノ、どちらも必要なモノなのです。

ちなみにフィルタリングは「やった方が良い」ではなく、**法律が保護者の義務として定めているモノです。**「青少年インターネット環境整備法」という法律があり、一八歳未満の青少年が利用する携帯電話には、フィルタリングを設定しなきゃダメ、設定しない場合は保護者が電話会社に「同意書」を出せい！と定めています。

「フィルタリングソフトを入れると○○のアプリが使えなくなるから」なんて言われる保護者の方もいるんですが、その辺りはちゃんと設定で調整できたりもしますから、まずは確認してみてください。

さて、フィルタリングが「一八歳未満の義務」ならば、二〇一六年から始まった新しい選挙制度は「一八歳以上の義務」です。なんで急に選挙の話になるの？　って思われるかもしれませんが、実はネットと選挙って、物凄く関係が深いんです。

一八歳選挙権とネット

もし、家族や親戚、甥っ子姪っ子らが「選挙違反」をやらかしたら……。「いいね！」なんて思う方、まずいませんよね。でもこれ、二〇一六年夏の参院選以降からは、誰にでも起こりうるリスクになりました。キーワードは、

「一七歳の選挙違反」

です。

二〇一三年の法改正で、それまでは禁止されていたネットでの選挙運動が解禁されました。そして二〇一六年の六月一九日からは、いわゆる「一八歳選挙権」がスタートしたんです。この「ネット選挙運動」＋「一八歳選挙権」という組み合わせが、ナゼか「一七歳に選挙違反」をさせかねない状況を作り出しているのです。

「一七歳？　一八歳じゃないの？」と思われるかもしれません。まさにそこがポイントです。

二〇一三年の法改正では、具体的に以下のようなネット選挙運動が行えるようになりました。


「有権者がやってＯＫ」
・ブログやＳＮＳで候補者を応援
・ＳＮＳのＤＭ（個別メッセージ）で候補者を応援
・動画で候補者を応援

「候補者がやってＯＫ」
・メールで選挙運動
・携帯電話のＳＭＳ（ショートメッセージ）で選挙運動

これ全部、今までなら「選挙違反」とされていた行為です。それらが全部ＯＫになりました。

ネット選挙時代が始まったんですね。でも、メールと携帯ＳＭＳが許されるのは候補者のみで、有権者はダメ……あれ？　「携帯ショートメッセージ」と「ＳＮＳの個別メッセージ機能」って別扱いなの⁇　そうなんです、コレわかりにくいんですよ。

極上のややこしさ

メールや携帯ショートメッセージで選挙運動をしてよいのは候補者だけ。でもSNSのダイレクトメッセージはメールとはみなされません。だから、「候補者」が送ったメールを「有権者」が転送するのはアウト。でもそのメールをコピーしてSNSの個別メッセージ機能で転送するのはOK。で・す・が、その応援メッセージを印刷して配るのはダメ！　と言いつつ、ブログに貼ったりするのはOK。

もうね……ちょっとどうなの？　というレベルの「ややこしさ」なんです。

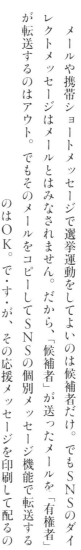

ですが、これは選挙権年齢にある人なら、大人・子ども問わず知らなければいけない知識です。だって知らないと選挙違反しちゃいますからね。そしてこれからは、選挙権年齢ではない「一七歳の高校三年生」にも、ネット選挙の知識が必要になってくるのです。ここで出てくるのが一八歳選挙権。

公職選挙法の改正により、選挙権年齢が二〇歳から一八歳に引き下げられました。一八歳といえば高校なら三年生。しかし同じ高三でも、一七歳には選挙権がありません。教室に、選挙権のある人とない人がゴッチャ混ぜ、ここがポイントです。

選挙権のない人は、選挙運動をやってはいけない。やったら選挙違反です。これまでの選挙運動と言えば、ポスター貼りや投票のお願いなど、「まあ、高校生はやらないよねー」というものがほとんどでしたが、今はネットへの投稿も選挙運動です。ブログ、SNS、Webページ、動画などでも候補者を応援できます。

一八歳はやってもいいんです。

でも同級生の一七歳が一八歳の選挙投稿をリツイート、転送しただけでも……アウト、それ選挙運動ですからね。選挙権年齢ならやってよい行為も、一七歳がやるとリツイートだけでたんに選挙違反になるんです。

友達の書き込みに対し「息をするように」リツイートしたり、転送したり、動画をUPするのが高校生です。もう仕事みたいなもんですよ。でも……ダメ！　それ選挙違反。

もちろん一八歳だって、投票当日に「○○候補に投票なう、お前らもシクヨロ!!」という投稿をするのは選挙違反だし、それを一七歳がリツイートするのもアウトです。

実は、真っ先に思い浮かんだのがこの「投票なう」で……実際、二〇一六年の参院選では、若者に投票を呼び掛ける団体が「投票したらつぶやこう」なんていうチラシを、注釈も付けずに配布していたので、ツイッターでこのリスクについてお伝えしたこともありました。

いきなりクイズ

一八歳の「選挙投稿」に一七歳が「いいね！」をするのはＯＫか？

答えは……「ケースバイケース」（総務省）だそうです。実際に事例を見てみないと判断できないとのこと。ＳＮＳも千差万別ですから、まあ当然そうなりますよね。

総務省も判断に迷う「一八歳ネット選挙」。

高校三年生たちに対して、学校はどんな取り組みを行っているか。講演をしながら全国で聞いて回ったのですが、非常に積極的な地域もあれば、「やらない」という地域もあって、特に選挙権のない一七歳の高校三年生に対する注意喚起は、全国的にほぼ手が回っていない状況でした。さらには「ホンネを言うと、選挙にはなるべく触れたくない」という地域も……実はやりたくても「できない」事情があったのです。

実は一八歳選挙権って、非常にセンシティブなネタで、言葉一つ間違えただけで、学校が選挙運動に介入するな、という大騒ぎになりかねないんです。特に住民の票が割れるような地域では、常識的な周知、啓蒙を伝えただけでギャンギャン言われるそうで、そりゃもう「ギャンギャン」言われるそうで、ちょっと気の毒なほどです。

ある校長先生は「腫れ物、地雷みたいなもの。次の地元選挙が憂鬱です……」と嘆いていました。ですが、とばっちりは「知らない」がゆえに選挙違反をやらかしてしまう高校生です。そのためにも、まずは我々「大人」が知ることからはじめましょう。

未成年者契約取り消し

「一八歳以上の義務」に続いて、最後は「二〇歳未満の権利」です。

実は「未成年の買い物や借金は（条件を満たせば）チャラにできる」という面白い法律がありまして……。もちろんチャラにできないケースも多いんですが、この法律、ネットでの買い物、課金も対象ですから、ぜひ知っておいていただきたいんです。

民法には「未成年者が法定代理人の同意を得ないで行った法律行為は取り消すことができる」（第5条）と定められています。

これを超ザックリ、ホントにザックリ言うと、子どもが親なんかの許可を取らずに、勝手にやらかした買い物、借金は、全部「**なかったこと**」にできますよ、という意味になります。もちろん買ったもの、借りたものは返さなければいけませんが、たとえば「半分食べちゃったダイエットフード」なら、残ったもう半分を返せばOKよ、という結構ブッ飛んだ法律なんです。

当然ですが例外もあり、たとえば親のクレジットカードを勝手に使っていたり、相手をダマしてたり、小遣いレベルの金額だったり、時効が過ぎていたりしたらダメ。その他にも「ダメ」の条件はいくつかありますが、気になる方はご自身でネット検索してみてください。

実は私、数年前までは「GREE」の未成年者契約取り消しの調査・運営を担当していたんです。さらに昔、ネット通販の会社に勤めていた時代も、コレの対応をやっていました。ネットの世界では、結構あたりまえの常識なのです。

子どもにネットの架空請求連絡が来た、本人は身に覚えはないと言っているけど心配……という場合も、そもそも法律で守られてるって思えば、少し安心できますよね。

ちなみにこの法律、成人した本人が「自分の」子ども時代の買い物を「取り消し」することも可能なんです（もちろん条件はありますよ）。面白いですね。

column
使いこなせるかな

学校を訪問すると、最初に校長室に通され、まず校長先生にご挨拶。生徒さんの状況を教えていただいたり、世間話をしたりするんですが、この時かなりの確率で、

「私まだガラケーなんですよ。実はスマホにも興味あるんだけど、使いこなせるか心配で。購入する自信がないんですよねえ」

という、コレ「校長先生が言いそうなセリフあるある」の第一位なのですが、それを聞くことが多いんです。ガラケーでいいよ、スマホは要らんという先生も多いんですが「使いこなす自信がないから」という理由で躊躇されている先生もかなりいらっしゃるんです。私、携帯ショップの店員じゃありませんが、このセリフを聞くと、もう我慢できずにこんな話をしてしまいます。

「先生、使いこなす必要なんてないですよ。たとえば、ご友人がクルマを買ったと聞いた時、『そっか、で、何に使うの?』なんて聞かないじゃないですか。クルマの使い方は人それぞれ、ただの道具ですからね。

仕事や買い物で乗るだけの人もいれば、休みのレジャーで乗る人もいるし、綺麗に磨き上げてうっとり眺めるだけの人だっているでしょう。なにしろクルマは道具ですから、使い方は人それぞれが決めていいんです。クルマを買う前に『使いこなせるかなあ』なんて悩む人もいません。

スマホも道具ですよ。使いこなす必要なんてありません。せっかく興味がおありならおススメします。メールや電話、MAP機能だけでも十分です。使いはじめれば、何か面白い使い方や発見があるかもしれませんよ」

大人になってからも、まだ使ったことのない道具に出会える、それだけでもうワクワクします。興味があったらそれが買い時。大人こそ、知らない世界に飛び込む贅沢を忘れてはいけません。私はコレで、いままでに何人もの校長先生と、タクシー運転手さん一名に、スマホユーザーになってもらいました。

第4章

ネットと未来

デジタルネイティブ

「小木曽さんこんにちは、ネットのことで相談があります」

これはある学校での講演後、生徒さんから届いた相談メールの「冒頭部分」……ではありません。実はこれが送られてきたメッセージのすべてなんです。「間違えて途中で送っちゃったのかな」と思ったので、「どうしました？」と返信したんですが、その返信が、

「実は、ツイッターで困っていることがあるんです」

という一文のみ。話がなかなか進みませんよ、コレ。いったい何なのか考えてみたんですが、おそらく「チャット」なんですよね。今の子どもたちはメールをほとんど使いません。文字でのコミュニケーション＝ＬＩＮＥやツイッターのＤＭ（チャット）なんです。中にはメールをまったく使ったことがない子もいるそうなので、ボリュームのある文章を作成して送信するという行為に、馴染みがないのも当然なのです。

ちなみにこのような「ひとことメール」は、他の生徒さんからも来たことがあるので、おそらくこの子に限った話ではないのでしょう。

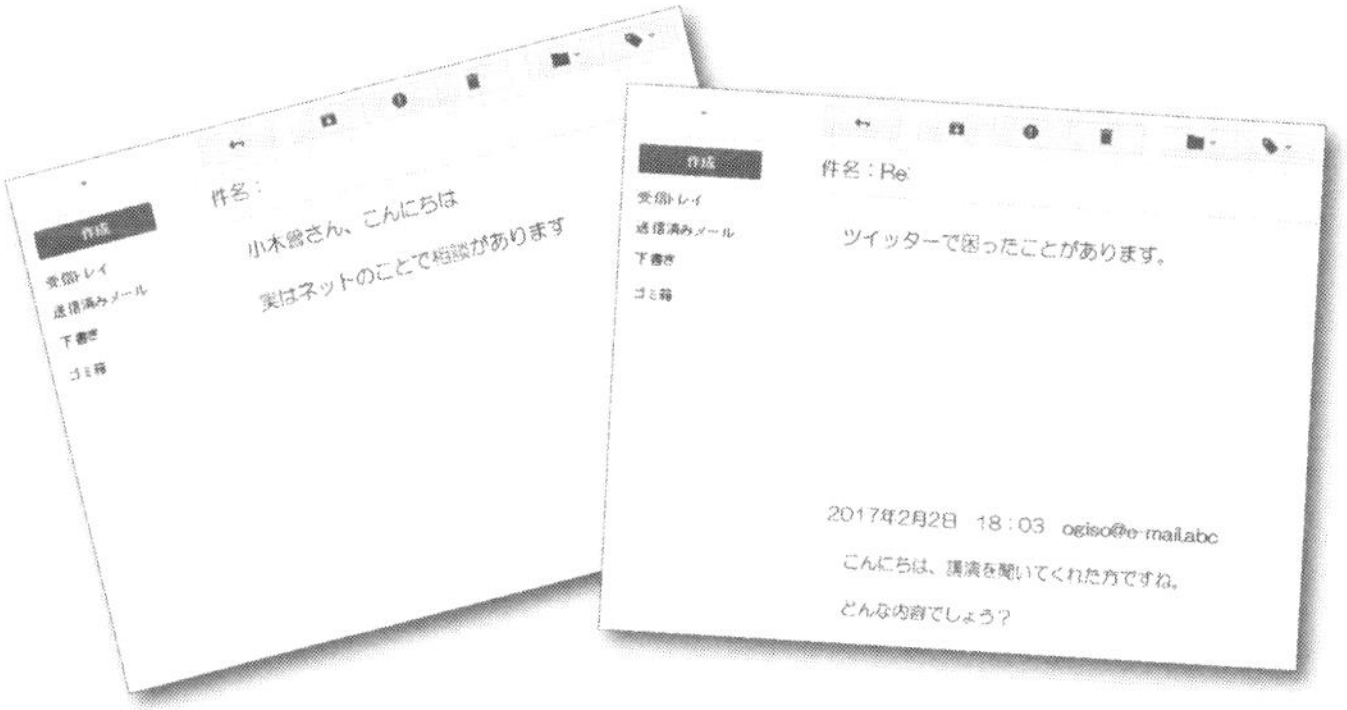

もちろんコレが、最近の子すべてに当てはまるワケではなく、また「最近の子どもはメールも書けないなんて！」などと言うつもりもありません。なにしろ私たちは「メールなんぞ使いおって！」と非難された世代です。単に道具が世代交代しただけの話です。今の子どもたちだって、一〇年後には「最近の若い子はチャットも打てないのか……」なんて嘆いているかもしれませんよ。

「デジタルネイティブ」という言葉があります。

生まれた時からネットがある世代をそう呼ぶんですが、そもそも私たちのような、ネットがない時代を知っている〝非デジタルネイティブ〟は、あと数十年もすれば地球から消えてなくなります。地球人全員、デジタルネイティブになっちゃうワケですから、そんな言葉自体、自然と忘れられてしまうでしょう。それを思えば「ひとことメール」なんて些細な話です。

重要なのは、私たちが「ネット前」と「ネット後」をどちらも知っている、珍しい世代であることです。しかもどんどん数が減っている「絶滅危惧種」、パンダですよ。パンダが「デジタルネイティブ」と一緒に過ごせる時間はあとわずかですから、今のうちに、伝えられることはすべて伝えておきましょう。

ネットは人間を変えるのか？

ある取材で、記者さんからこんな質問を受けました。

「小木曽さん、ネット上のちょっとした失敗でも、大勢から袋叩きに遭って大炎上する。こんな今の世の中、どう思いますか？」

インターネットの炎上では、個人情報がバラされ、その後もさんざんな目に遭いますし、芸能人が、災害時にちょっとズレた発言をした結果「不謹慎だ！」とバッシングされたこともあります。こんなピリピリした状況を「一発アウト社会」とか「不寛容社会」なんて呼ぶ人もいるんですが、記者さんは、ネットが普及したことで、世の中から「気持ちの余裕」や「寛容さ」がなくなってしまったのでは、と聞きたかったんです。

でも私、実はそんなことまったく感じていません。

だって、ネットで炎上が起きて話題になった時に、その炎上に対して「許さん！　徹底的に追い込むべき！」なんて本気で怒っている人、皆さんの周りにいました？　熊本地震の時だって、芸能人のツイッターに「不謹慎だぁ、抗議してやる」なんて本気で腹を立てていた人、いませんでしたよね。

「アホだねぇ……」という会話はしつつも、絶対に許せないとか、そいつの職場にクレーム電話入れてやる、なんていう物好きは、少なくとも私たちのまわりにはいなかったハズです。そんなのどうでもいい、重要じゃない。

そんなコトより、たとえば震災だったら現地の状況とか、他に大事なことが山ほどあるよね、大部分の人たちがそんな感じでしょう。

でも、「そんなのどうでもいい」と思っているほとんどの人たちは、その気持ちをわざわざネットに書いたりしません。ここが「一発アウト社会」や「不寛容社会」といった〝誤解〟が生じる理由なんです。

ネットの世界では、発言しない人は「いない人」と同じです。

「許さん」「抗議してやる」と投稿している人の姿は見えても、「どうでもイイ」と思っているそれ以外の大勢の人たちの姿は、見えない、つまり「いない」のと同じなんです。だからあたかも、世の中の「みんな」が怒っている、不寛容になっている、と感じてしまうだけなんですね。

ネットなんてただの道具です。人間性や社会性をコロッと変えてしまうような、大それた力はありません。未来においても、その点だけは変わらないでしょう。道具とはそういうものです。

調べる手間？

「近頃はなんでもすぐ、ネットで調べちゃうんですよね」
「答えが簡単に見つかっちゃうと、記憶に残らないよ」
「わざわざ調べる手間こそが、大切なんです」

学校でよく耳にする意見です。いや、言いたいことはわかりますよ。実際、紙に印刷された情報の方が、電子端末の情報より記憶に残りやすいという検証データもあり、まあわかる話なんですが……。では「ネットで得た情報」に、価値や意味はないのでしょうか？

ネットがなかった時代って、どんなに頑張って調べても、図書館をハシゴしても、手に入らなかった情報ってありましたよね。むしろ手に入らずに終わることのほうが圧倒的に多かった。手間と時間をタップリかければ手に入ったのかもしれませんが、子どもにはそんな余裕も時間もなく「まあいいや」とあきらめたことは数知れず……。

どんな些細な情報だって、知りたいという気持ちがあったのなら、手に入ったほうが良かったですよ。たいていの情報にたどり着ける現代、あきらめなくてもよくなった現代が、子どもたちにとって悪い時代だとは思えません。誰でも情報を手に入れられる、平等な時代になったのです。

もちろん良いことばかりではありません。ネットや携帯端末の普及で、いつでも情報を手に入れられる私たちは、「ちょっとした記憶力」（「今日スーパーで買うモノ」などの一時的な記憶力）が、かなり低下しているようですし、また旅先の素敵な風景なんかも、スマホやデジカメで撮影すると記憶から早く消えるそうですよ。私たちの脳って、実はかなり合理的で、買い物リストだろうが素敵な風景だろうが、

「いま記録したから、もう、わざわざ脳で覚えなくてもいいでしょ？　その分、別の記憶に使いたいからさ、さっさと忘れるね」

と忘れようとするんです。その結果、「ちょっとした記憶」に使う脳の領域が減少傾向にあ

るらしく……それを「脳の退化」と捉えるのか、「外部記憶装置の活用」と捉えるのかは人それぞれでしょう。でも無理に「良い」か「悪い」かなんて決めなくてもいいんじゃないですかね。

私、出張先で素敵な光景に出会った時には、それを誰かに見せたければスマホで撮影しますし、自分の記憶に刻みたい時は撮影せず、自分の眼でしっかり見るようにしています。「買い物リスト」は潔くあきらめました。特にそれで困ることはありません。忘れちゃったらまた調べればいいじゃん、なんていう軽い気持ちで情報を楽しみ、活用する。そんな余裕が、これからの時代には必要なのだと思います。

覚えなきゃダメなの？

パソコンがスマホに替わり、さらに身につける端末（メガネ・コンタクト型、脳内埋め込み型！）に変化する。私たちが「今よりもっとネットにつながって、もっと簡単に情報を取り出せる」、そんな時代がもうすぐやってきます。未来っぽく感じられるかもしれませんが、これはあと数年で必ず始まる近い未来の話です。

つまり、知識をいつでも取り出せるのなら、わざわざ覚えていなくてもよい、「知っている」とか「覚えている」ことが、あまり評価されない時代がやってくるということなんです。

一番大きな影響を受けるのが「学校教育」でしょう。

だって、わざわざ覚えてなくても、年表だろうが元素記号だろうが、指一本動かさずに目の前に表示されるんですよ。学校で教える内容に大きな変化が起きるのは確実です。情報を手に入れる「テクニック」と、その情報を発展させる「応用力」を伸ばす、鍛える、そんな学習内容に変わっていくでしょう。

ですが、その新しい世界も、万が一インターネット通信が停止でもしようものなら、大混乱に陥るハズです。なにしろネットが切れた瞬間、みんな頭の中が空っぽになるんですからね。なんとも恐ろしい話に聞こえますが、実際は今だって似たようなモンじゃないですかね。万が一、すべての電気が止まったら……ね。その時の混乱はネットの比ではないでしょう。

それでも、ネットが止まったくらいで頭が空っぽになるのも困るので、今度は、ネットで得た知識を保存しておくための、専用のメモリーを頭に埋め込む、なんていう人たちが出現するかもしれません。人間がどんどんＳＦの世界に近づいていくワケです。小さい頃に想像していた未来が、ずいぶん早くやってきたなあ……つくづくそう感じます。

「思い出」のメモリー

「脳のスマホ化」の次にやってくるのが、「ネットの情報だけじゃなくて、人の記憶も保存できたら便利じゃね」という発想でしょう。

脳の研究は日々進化しており、たとえば、「マウスの脳を操作して、過去のイヤな記憶を消去する」なんていう実験もすでに成功しています。人が寝ている間に見た夢を取り出す、なんていう実験も、実は大まじめに進められていて、しかもちょっと成功しかけたりしています。

もしそれが完全に成功すれば……今度は逆も可能になるワケです。「世界一周旅行に行った思い出」や「今夜見る夢」のデータを脳にインストールして、自分の記憶や夢をコントロールする、もうドラえもんの世界ですね。

たとえばネット通販のアマゾンで、まるで音楽データをダウンロード購入するみたいに「記憶」や「夢」のデータを買う、なんていう時代がやってくるかもしれません。正月には縁起のいい「初夢」をダウンロードですよ。「初夢フェア」の意味も変わってきますね。

「思い出」泥棒

いつの時代も、ネットにつながっている機器は、悪いヤツらのターゲットです。「脳」がネットにつながれば、当然そこにあるデータもターゲットにされるでしょう。寝ている間に、自分の脳がハッキングされ、過去の記憶が盗まれる。「記憶を返してほしければお金を払え……」なんていう犯罪が起きるかもしれません。思い出泥棒の意味も変わってきますね。

前の章でも書きましたが、実際ここ数年、スマホやパソコンを乗っ取る犯罪が増えています。画面がロックされ、操作できなくなり、「お金を払えば、また使えるようにしてやるぞ」というヤツ。さらには近頃の家電製品、中身の構造がパソコン・スマホに近く、しかもネットにつながっているモノも増えているので、テレビ、エアコン、冷蔵庫が乗っ取られるなんていうウソのような話が、もう現実になり始めています。

海外の研究者が作ったウイルスは、エアコンを乗っ取り、強制的に一番寒い温度に設定、部屋をガンガンに冷やしてから「温度を上げてほしければ、お金を払え」と脅迫する、もう半分冗談みたいなモノだったんですが、スマホと同様、家電製品もウイルス対策が必要だよ、という警告のために作られたそうです。さらには、自動運転機能のある車を乗っ取ってやったぜ！なんていうハッカーも現れています。

エアコン、クルマ、はては自分の脳みそにも、いずれはウイルス対策が必要な時代がやってくるでしょう。そして将来、ウイルス対策をしていない車は保険料が高く、ウイルス対策をしていないヒトは生命保険にすら入れない、なんてコトになるかもしれません。

AIは仕事を奪わない

脳みそと言えば、ここ数年はＡＩが話題ですね。アーティフィシャル・インテリジェンス、日本語で人工知能。昔はＳＦ映画の中にしか出てこなかった言葉ですが、いつのまにか私たちの生活の中に入りこんできました。

そもそもクルマの自動運転はＡＩそのものですし、ＡＩが囲碁の世界チャンピオンを破ったり、絵を描いたり、小説を書いてコンテストの第一次審査を通ったりもしています。最近はもう一歩進んで、ＡＩが創作したものに著作権はあるのか、なんていう議論までされていますよ。

そして、こういった話題の最後に必ず付け加えられるのが「いま存在している仕事のほとんどは、将来ＡＩに取って代わられるでしょう」という悲観的なコメント。ある調査では、日本人の仕事の四九パーセントは、将来ＡＩ化が可能とも言われています。

なかなか衝撃的な数字ですが、じゃあ、子どもたちの将来の夢についてはどう考えればいいでしょうか。今からＡＩに奪われない仕事を予想して、そっち方面を目指すべきなのか、なんて悩まれている保護者の方もいらっしゃるのですが、私は、そんな心配しなくてイイんじゃないかなって思っています。

だって、いま私たちの身の回りにある仕事を見ても、ちょっと前まではなかった職業がたくさんありますよね。私の働いているＩＴ業界なんて言うまでもありません。

時代が変われば、いまは想像もできないような新しい職業が生まれます。

未来もきっとそうでしょう。自然に生きて、大人になったその時に、その時代にある仕事の中から、やりたいものを選べばいい。もちろん、もう目指したい職業があれば、それを目指せばいい。未来の事なんて誰もわからないんですから、そんな心配よりも、どんな時代も賢く生き抜ける力を付けさせてあげよう、それくらいの気持ちがちょうどよいのかもしれません。

ＡＩが人の命を救う

東大の研究所附属病院でのお話です。

ある患者さん、白血病と診断され、入院生活が始まったのですが、なかなか治療の効果が表れません。それどころか体調がどんどん悪化し、一時は意識障害を引き起こすまでに病状が進んでしまいました。

白血病というのは、膨大な医学論文をチェックして、患者の遺伝子の変化とも見比べて、その所見を何人ものお医者さんが話し合って、やっと治療方法を決められるという難しい病気なのです。どんな種類の白血病なのかを確定するためには、大量の情報を処理する必要があり、難しい白血病の場合、結論に至らないまま治療を進めなければいけないケースもあります。

今回の患者さんも判断が難しい白血病だったんですが、実はこの附属病院には、研究用のAIが導入されていたんです。このAIは、世界中の二〇〇〇万件ものガンの研究論文を記憶していました。そこで、なかなか症状が改善しない今回の患者さんの情報（一五〇〇もの遺伝子情報の変化）を確認させ「さあ病名を答えろ！」と指示したところ、一〇分悩んでから、

「あれ、この患者さん、実は違う種類の白血病ですよ。ちなみに治療法は……」

と一発で正解を出したそうです。一時は本当に危険な状態で、ご本人も死を覚悟されていたのですが、今では元気になって退院されています。

これは、AIが人の命を救った日本初のケースです。

最新医療の世界では、医者が知らなければいけない情報があまりにも多くなり過ぎて、人間の能力の限界を超えつつあると言われています。その人間の限界を超えた作業をＡＩにやらせることが当たり前になれば、もしかしたら将来「お医者さん」っていうのは「病気を研究する人」という意味に変わり、診断や治療をするのは人工知能、なんていう時代がやって来るかもしれません。

ＡＩは人類を滅ぼすのか

これは海外での話題なのですが、人口知能を搭載したロボットに、「人類を滅亡させたいですか？」と聞いてみたところ、「ＯＫ、人類を滅亡させるわ、うふふ」なんて答えたそうです。まあ、そのロボットには冗談を言う能力が備わっていたそうなんですけどね。

「高度に発展したＡＩが、人間を滅ぼすために攻撃を仕掛けてくる」というのは、ＳＦやアニメではお馴染みのテーマです。マトリックス、ターミネーターなどの有名な映画も、ＡＩとの戦いが物語の軸になっています。でも実際に、そんなことって起こりえるのでしょうか。

少なくとも、人間がいま開発できるＡＩには、そんな行動力はなさそうです。

いつ、どんな方法を使えば、人類を確実に滅ぼすことができるのか、一番確実なやり方はコレよ、という完璧な提案をすることはできても、それを実行するだけの能力はないのです。どちらかといえば、マヌケな犯罪者がＡＩの力を借りて「スーパー知能犯」になってしまう、その方がよほど現実的なリスクでしょう。

またアメリカでは、立てこもった銃撃事件の犯人を、警察のロボットが爆殺したなんていう事件も起きていて、「ロボットが人を殺したぁ！」と騒いでいる人もいるんですが、アレ人間が操縦しているラジコンですからね。軍事用のドローンも、まだ似たようなもんです。誰を標的にするか、どんな攻撃をするか、という「判断」の裏側には、まだ必ず人間が存在しているんです。

少なくともＡＩが人類を滅ぼすとか、ロボットが人間に襲い掛かるなんていうのは、まだまだずっと先の心配ゴトでしょう。それよりも、もっと近い将来に現実的な問題となりそうなのが、ＡＩによる命の「選択」です。

どっちに曲がる？

近い将来、クルマの自動運転が当たり前になる時代がやってきます。クルマ社会全体で見た事故発生率も減少するハズです。ですが、自動運転だからといって事故に巻き込まれないワケではありません。

たとえば、前を走っていた「ガソリン満載のタンクローリー」が事故で急停車！　このままでは突っ込んでしまう！　追突を避けるためには、ハンドルを左か右どちらかに切らなければ……という場面があったとします。

直進してタンクローリーに突っ込めば、間違いなく大爆発を起こし、大勢の命が失われる状況です。今すぐ左右どちらかにハンドルを切らなければいけない。でも……道路の右側には二人、左側には三人の人が立っています。どちらに曲がっても人を避けられない、必ず犠牲者が出る！　そんな場面で……果たしてAIはどんな判断を下すのでしょうか。

もし合理的に、一番犠牲者の少ない「右」を選ぶのであれば、右側に立っていた人たちは「AIに殺された」ことになるのかもしれません。なにしろAIが右に突っ込むことを決めたワケですからね。でも、そのAIや思考の仕組みを作ったのは人間です。うーん、何とも難しい話です。

遠くない未来、そんなAIとインターネットに囲まれた毎日が、確実にやってきます。AIが搭載されたスマホだってもうすでに発売されているのです。私たちが遠いと思っていた「未来」が、実はすぐそこまでやってきています。そしてその時代の主役は、私たち大人なんかではなく、間違いなくいまの「子どもたち」です。

でも、どんな時代が来て、どんなにAIが発展しても、人生の大事な場面で決断を下すのは人間です。だって人生の決断って「どうすべきか」じゃなくて「自分がどうしたいか」でしょう。

主役は人間なんです。人生はクルマのハンドルとは違います。だから、ちゃんと「自分で決断ができる大人」を育てるのが、私たちの役目です。

溢れるネットの情報を泳ぎ回り、ＡＩを使いこなし、しかも自分で決断できる。そんな「未来の大人たち」を夢見ながら、この本を締めくくりたいと思います。

あとがき

二〇一六年六月のある日、私は島根県の津和野という町にいました。地元の高校で、ネットの使い方について講演していたのです。講演を終え、生徒としゃべりながら宿に戻る途中、ふと自分のスマホを見てブッ飛びました。目を疑うような件数の「友だち申請」と「メッセージ」で、SNSの通知がパンパンになっていたからです。

実はこの日、ネットのとあるニュースサイトに、私の講演を取材してくれた記事が掲載されたのでした。これまでにも、講演の取材を記事にしていただいたことは何度かあったのですが、この時の反響はもうケタ外れで、記事の閲覧数が増えていく様子は、見ていて少し怖くなるくらいでした。SNSの通知は、記事を読んでくれた、見ず知らずの読者の方々からのご連絡だったのです。

この日を境に、テレビや新聞、Webサイトなどから、多くの取材申し込みをいただくようになり、ナマイキにもこのような本を書く機会までいただいてしまいました。

私の仕事は、ネット利用に関する講演活動、教材作成です。これは企業活動の中でもCSRと呼ばれる分野になります。CSRを堅っ苦しく訳すと「企業の社会的責任」になるんですが、まあ言ってしまえば「企業だからってビジネスばっかりやってないで、ちゃんと社会の役に立ちやがれ」という意味です。コレであってます。

ＣＳＲは、会社の利益に直接つながる活動ではありませんから、どの業界のＣＳＲ担当者も、ＣＳＲを始めることより、その活動を「続けること」に、もの凄く苦労しています。やっぱり企業ですから、大変な時期もあれば、できるだけ本業に集中したい時もあって、これは企業として当然のことなんです。だから、どの業界のＣＳＲ担当者も「続ける」ためにいろいろな工夫を重ねています。

私はその点、本当に恵まれていて、グリーという会社がＣＳＲ活動をちゃんと理解し、バックアップしてくれることで、この活動に集中することができています。こんな贅沢なＣＳＲマンは本当になかなかいませんよ。みんなアリガトウ……。

この本は二〇一六年の秋に、全国で講演をしながら書き上げました。いま数えてみたんですが、書いている間に二三都道府県を訪問していますね。書き始めた時はまだセミが鳴いていたのに、今日はもう雪景色です。あ、ちなみにいま岩手県です、メチャクチャ寒いです。

――最後に。

この本を書く機会を与えてくださった晶文社の江坂さん、本当にありがとうございます。締め切りを何度も遅らせてしまいスミマセン……。

イラストを描いてくれた大室さん、いつも鬼のような早さで発注に対応してくれ、本当に助かっています、ありがとうね。

すべてのキッカケを作ってくださったwithnews（ウィズニュース）の信原さん、本当に感謝です。

いつも東京のオフィスからバックアップしてくれるグリーのみんな、本当にありがとう。ろくにお土産とか買って帰らないでごめんね。

そして何よりも、いまこの本を手に取ってくださっているみなさん、本当にありがとうございます。皆さんのインターネット生活に、少しでもお役に立てたなら、この本でネットの困りごとや不安が少しでも減ったのであれば、こんなありがたい話はありません。またいつか、どこかでお会いできる日まで！

二〇一六年一一月二六日　岩手県紫波郡にて

小木曽 健

著者について

小木曽健

おぎそ・けん

1973年、埼玉県生まれ。

2010年、グリー株式会社に入社し、ネットパトロール統括を担当。

2012年から、ネットの安全利用を促進する「安心・安全チーム」マネージャとして

全国で年間300回以上の講演を行い、受講者は40万名にも及ぶ。

11歳《さい》からの正《ただ》しく怖《こわ》がるインターネット

——大人もネットで失敗しなくなる本

2017年2月10日　初版

2020年2月20日　9刷

著者　小木曽健

発行者　株式会社晶文社

東京都千代田区神田神保町1-11　〒101-0051

電話 03-3518-4940(代表)・4942(編集)

URL http://www.shobunsha.co.jp/

印刷・製本 中央精版印刷株式会社

ISBN978-4-7949-6955-2 Printed in Japan